Akbar John
Zaima Azira Zainal Abidin
Ahmed Jalal Khan Chowdhury

Bioperspektiven des Küstenökosystems und nachhaltiges
Ressourcenmanagement

AF154061

Akbar John
Zaima Azira Zainal Abidin
Ahmed Jalal Khan Chowdhury

Bioperspektiven des Küstenökosystems und nachhaltiges Ressourcenmanagement

ScienciaScripts

Cover image: www.ingimage.com

This book is a translation from the original published under ISBN 978-620-2-79106-9.

Publisher:
Sciencia Scripts
is a trademark of
Dodo Books Indian Ocean Ltd. and OmniScriptum S.R.L publishing group

120 High Road, East Finchley, London, N2 9ED, United Kingdom
Str. Armeneasca 28/1, office 1, Chisinau MD-2012, Republic of Moldova, Europe
Managing Directors: Ieva Konstantinova, Victoria Ursu
info@omniscriptum.com

Printed at: see last page
ISBN: 978-620-3-50703-4

Inhalt

VORWORT

Da wir kurz davor stehen, in die Zeit nach der COVID-19-Pandemie einzutreten, sind viele Herausforderungen zu bewältigen, insbesondere im Hinblick auf den Aktionsplan zur wirtschaftlichen Erholung (nach COVID-19) durch die nachhaltige Nutzung natürlicher Ressourcen und die Umsetzung geeigneter Messverfahren. Um die "Agenda 2030" der nachhaltigen Entwicklungsziele der Vereinten Nationen (SDGs) zu erreichen, müssen die natürlichen Ressourcen klug genutzt werden. Das Wissen über das Küstenökosystem, seine Dynamik und die Bioprospektionspotenziale sind auf globaler Ebene gut erschlossen. Auf regionaler Ebene sind die Potenziale des Küstenökosystems jedoch weniger erforscht, was an der Komplexität des Systems der Ressourcenaufteilung und der Verflechtung der Intervention mehrerer Interessengruppen bei der Entscheidungsfindung liegt. Malaysia hat eine Gesamtküstenlänge von etwa 4809 km (aufgeteilt in 1.972 km auf der malaysischen Halbinsel und 2837 km in Ostmalaysia), die eine besondere sozioökonomische Bedeutung hat. Viele strategische Aktionspläne wurden umgesetzt, um die Küstenlinie vor Fragmentierung und Degradierung durch natürliche und vom Menschen verursachte Ursachen zu schützen.

Küstenökosysteme sind die produktivsten und wertvollsten Landschaften, die sich aufgrund verschiedener Umweltbelastungen und der Urbanisierung ständig verändern. Aufgrund ihrer Komplexität bei der Erbringung ökologischer Leistungen werden sie immer gemeinsam als "Ästuar- und Küstenökosysteme" (ECEs) angesprochen. Um die Dynamik des Küstenökosystems miteinander zu verbinden und seine Biopotenziale zu erforschen, sollte dieses Buch die ganzheitliche Bedeutung des Küstenökosystems und seine Biopotenziale ansprechen. Das Buch ist die umfassende Sammlung von forschungsbasierten Daten aus den Studien über die Küstenökosysteme Malaysias (insbesondere von der Ostküste der Halbinsel Malaysia). Das Buch besteht aus neun Kapiteln, die sich mit Themen befassen, die mit dem Biopotenzial zusammenhängen (aber nicht darauf beschränkt sind), wie z.B. Screening von Aktinomyceten aus dem Küstenökosystem, mikrobielles Bioprospecting unter Verwendung des 'omics'-Ansatzes, Bedeutung der integrierten multitrophischen Aquakultur, biotische Vielfalt und Küstenerosion im Küstenökosystem. Wir sind optimistisch, dass die in diesem Buch vermittelten fundierten Kenntnisse und wissenschaftlichen Einsichten einen Beitrag zu den Zielen der nachhaltigen Entwicklung insgesamt und insbesondere zu den SDGs 13, 14 und 15 leisten werden.

i

Die neun Kapitel, die in dem vorliegenden Buch mit dem Titel "*Bioprospects of coastal ecosystem and sustainable resource management*" behandelt werden, wurden von mehr als 30 Forschern aus verschiedenen Disziplinen verfasst, was auf das transdisziplinäre Wissen hinweist, das in diesem Buch angeboten wird. Die Leser werden in jedem Kapitel mit neuem Wissen konfrontiert und die Anordnung aller neun Kapitel fließt in das Kernthema des Buches ein. Die in diesem Buch behandelten Kapitel sind 1) Saisonale Variationen der Fischvielfalt und des Artenreichtums in den Küstengewässern von Pekan, Pahang, Malaysia, 2) Untersuchung der Glucose-6-Phosphat-Dehydrogenase-Aktivität in Mangroven-Streptomyces für die Produktion von Actinohordin und Undercylprodigiosin, 3) Kultivierung vs. 'Omics'-Ansatz für mikrobielles Bioprospecting im [21]: Küstenumgebung in Malaysia, 4) Open water integrated multi-trophic aquaculture (IMTA) in coastal ecosystem: the status and prospects in Malaysia, 5) Antioxidative Eigenschaften von (*Nerita articulata*) drom estuarine mangrove Kuantan, Pahang Malaysia, 6) Schwermetall-resistente Bakterien aus dem marinen Sediment von Pantai Balok, Pahang, Malaysia, 7) Salinitätstoleranz und Wachstumsleistung von asiatischen Wolfsbarschen (*Lates calcarifer*) Jungfischen, 8) Übersicht: Aktinomyceten-Diversität und biosynthetische Fähigkeiten im Küstenwasser der Ostküste der Halbinsel Malaysia und, 9) Klimawandel und Küstenschutz in Malaysia: A review. Die vollfarbigen Abbildungen wurden in dieses Forschungsbuch aufgenommen, um die Eigenschaften einiger der komplexen Diskussionsteile besser zu veranschaulichen. Wir glauben fest daran, dass dieses Buch einen Mehrwert darstellt, um die unerforschten verborgenen Schätze des dynamischen Küstenökosystems von Malaysia zu enthüllen. Wir gehen auch davon aus, dass die in diesem Buch präsentierten Daten als Grundlage für weitere Forschungen und zur Verbesserung der Managementpraktiken im Küstenökosystem von Malaysia dienen werden.

Herausgeber
Akbar
John Zaima Azira Zainal
Abidin Ahmed Jalal Khan
Chowdhury

Malaysia liegt in Südostasien und besteht aus zwei Regionen, der Halbinsel Malaysia und den Bundesstaaten Sabah und Sarawak. Die gesamte Landfläche umfasst 329.293 km2 , während die gesamte Küstenlinie etwa 4.809 km lang ist. Zusätzlich gibt es etwa 1.000 Inseln und Korallenriffe, die zu Malaysia gehören. Die Küstenzone ist sowohl mit sozioökonomischer als auch mit ökologischer Bedeutung verbunden. Die Mehrheit der Bevölkerung lebt in diesem Gebiet und es ist auch ein Zentrum wirtschaftlicher Aktivitäten, die Aquakultur, Öl- und Gasausbeutung, Landwirtschaft, Transport und andere umfassen. Mangrovengebiete sind eines der produktivsten Ökosysteme der Erde. Mangroven dienen als Kinderstube und Brutstätte für viele Fische und Krustentiere sowie als Lebensraum für viele Wildtierarten.

Die fortschreitende Entwicklung in den Küstengebieten für Urbanisierung und wirtschaftliche Zwecke hat sich negativ auf das ökologische Ökosystem ausgewirkt. Daher besteht die Notwendigkeit, eine nachhaltige Entwicklung zu etablieren, um ein Gleichgewicht zwischen Entwicklung und Schutz der Umwelt zu gewährleisten. Malaysia hat sich verpflichtet, die Agenda 2030 und die Ziele für nachhaltige Entwicklung (SDGs) zu unterstützen und umzusetzen, und legt einen ehrgeizigen Aktionsplan für Menschen, Planeten, Wohlstand, Frieden und Partnerschaft mit dem Ziel fest, niemanden zurückzulassen. Daher ist die Umsetzung nachhaltiger Entwicklungspraktiken und ganzheitlicher Ansätze in den Küstengebieten der Schlüssel zur Erreichung dieses Ziels.

Ich freue mich, dass die Forscher von Kulliyyah of Science, IIUM dieses Buch in seiner aktuellen Form mit dem Titel "*Bioprospects of coastal ecosystem and sustainable resource management*" vorbereitet haben. Das Buch behandelt verschiedene Themen und das Bioprospektionspotenzial von Küstenökosystemen in einem breiteren Rahmen, der Möglichkeiten für intellektuelle Diskussionen in der nahen Zukunft eröffnet. Das Aufkommen moderner Technologien ermöglicht einen Einblick in das Potential der Küstengewässer und wird in diesem Buch hervorgehoben. Daher bin ich optimistisch, dass die Erkenntnisse in dieser Publikation den Lesern sinnvolle und wirkungsvolle Beiträge zur Erweiterung ihres Wissens über die Küstengewässer in Malaysia liefern werden.

Prof. Dr. Kamaruzzaman Yunus
Campus
Direktor Internationale Islamische
Universität Malaysia,
Kuantan
Campus
Pahang,
Malaysia

Die ganzheitlichen und integrierten Ansätze für die nachhaltige Entwicklung und Nutzung von Küstenökosystemen werden in den letzten Jahren in der wissenschaftlichen Gemeinschaft und bei politischen Entscheidungsträgern intensiv diskutiert. In diesem Zusammenhang ist die Bedeutung des Ökosystems Ozean und die Nutzung seiner Ressourcen eines der Hauptthemen der nachhaltigen Entwicklungsziele (SDG) der Vereinten Nationen, insbesondere des SDG -14 "Leben unter Wasser". Da der Ozean einen beträchtlichen Teil der Erdoberfläche bedeckt, sind schätzungsweise über 3 Milliarden Menschen für ihren Lebensunterhalt von den Meeres- und Küstenressourcen abhängig. Heutzutage wird das Küstenökosystem durch viele menschliche Aktivitäten zunehmend degradiert oder zerstört, wodurch seine Fähigkeit, wichtige Ökosystemleistungen zu erbringen, verringert wird. Letztendlich hat die Verschlechterung des Küstenökosystems negative Auswirkungen auf das menschliche Wohlergehen auf der ganzen Welt.

Dennoch sind die biologischen Ressourcen des Küstenökosystems weniger erforscht, insbesondere was die Verfügbarkeit bioaktiver potenzieller Ressourcen und deren nachhaltige Nutzung betrifft. Das vorliegende Buch "Bioprospecting coastal ecosystem towards sustainable resource management" ist ein zeitgemäßer Versuch der Forscher der International Islamic University Malaysia (IIUM), die aktuellen Bedrohungen, die das Management des Küstenökosystems beeinflussen, zusammenzustellen und das mögliche Bioprospecting-Potenzial für ein nachhaltiges Leben der Menschen zu erkunden. In Anbetracht der Tatsache, dass Malaysia eine der Mega-Biodiversitätsnationen ist und die Biodiversität immer als Schlüsselfaktor in der Forschungslandkarte priorisiert, bin ich zuversichtlich, dass die wissenschaftlichen Informationen, die von den Forschern aus Malaysia geteilt werden, als Referenz für die weitere Nutzung der Küstenressourcen in einer effektiven Weise dienen und Türen für die weitere Forschung öffnen werden.

Obwohl sich das Buch in erster Linie mit den wissenschaftlichen Erkenntnissen befasst, beobachte ich den Inhalt und die Absicht der Herausgeber und Autoren mit Hilfe der IIUM-Vision, die darauf besteht, ganzheitliche Individuen zu entwickeln, die als 'Khalifa' (*d.h.*, Führer) und 'Rahmathal lil Alameen' (*d.h.*, Barmherzigkeit für alle Welten) wahrhaftig nach den göttlichen Prinzipien der *'Maqasid al-Shari'ah'* handeln können. Ich gratuliere den Mitwirkenden für ihre aufrichtigen und zeitgemäßen Bemühungen. Im Einklang mit der Vision und Mission des IIUM und dem Fokus auf die Erreichung des SDG 2030 bin ich zuversichtlich, dass dieses Buch einen Mehrwert darstellt und informativ für ein breites Spektrum von Lesern ist, darunter Akademiker, Forscher, politische Entscheidungsträger, Nichtregierungsorganisationen (NGOs) und Studenten.

Prof. Dr. Ahmad Hafiz Bin Zulkifly Stellvertretender Rektor
(Verantwortliche Forschung & Innovation)
Internationale Islamische Universität Malaysia

Saisonale Schwankungen der Fischvielfalt und des Artenreichtums in den Küstengewässern, Pekan, Pahang, Malaysia

Akbar John, B. [1*], Khuraisha, N. [2], Jalal, K.C.[A2*]. Najiah, M. [3] und Nadirah, [M3]

[1Institut] für Ozeanographie und maritime Studien (INOCEM),
[2Abteilung] für Meereswissenschaften, Kulliyyah of Science, International Islamic University Malaysia (IIUM), Kuantan 25200, Pahang Malaysia.
[3Fakultät] für Fischerei und Lebensmittelwissenschaften, Universiti Islamic Malaysia Terengganu (UMT), 21030 Kuala Nerus, Terengganu
[*Korrespondierender] Autor: akbarjohn50@gmail.com, _jkchowdhury@iium.edu.my_

ABSTRACT

Diese Studie wurde von April 2019 bis Oktober 2019 durchgeführt, um die saisonalen Variationen der Fischvielfalt und des Artenreichtums im Küstengewässer Pekan, Pahang (Pantai Sepat, Cherok Paloh und Tanjung Selangor), Malaysia, zu untersuchen. Insgesamt wurden 5341 individuelle Fische erfasst, die 47 Familien und 108 Arten umfassten, wobei 2444 Individuen während der Nicht-Monsunzeit und 2897 Individuen während der Monsunzeit erfasst wurden. Die dominantesten Familien waren Nemipteridae, gefolgt von Lutjanidae und Carangidae. Der höchste Artenreichtum wurde während der Nicht-Monsunzeit mit 95 Arten beobachtet. Der Shannon-Weaver-Index (H'), der Simpson-Index der Diversität (1-D) und der Berger-Parker-Index wurden angewandt, um die Artenvielfalt, den Reichtum, die Gleichmäßigkeit und die Dominanz der Fische in den Probenahmegebieten zu demonstrieren. Die Gesamtwerte für die Nicht-Monsunzeit betragen 3,284, 0,9326 bzw. 0,1335, während sie für die Monsunzeit 2,766, 0,8798 bzw. 0,2751 betragen. Der hohe Diversitätsindex (Shannon-Weaver und Simpson) wurde in der Nicht-Monsunzeit beobachtet. Diese Studie hat auch gezeigt, dass die saisonalen Schwankungen allein keinen Einfluss auf die Anzahl der Arten in einer Population entlang des Küstengewässers Pekan haben. Allerdings müssen der Status der Fischereiaktivitäten, die gesammelten Fischarten und die Wasserqualität entlang des Küstengewässers Pekan häufig überwacht werden, um eine nachhaltige Ernte von kommerziellen Arten in den Küstengewässern von Pahang, Malaysia, zu ermöglichen.

Schlüsselwörter: Biodiversität; Fischverbreitung; Ökologie; Artenreichtum.

EINLEITUNG

Malaysia als eine der Mega-Biodiversitätsnationen beherbergt insgesamt 1951 Arten von Süßwasser- und Meeresfischen, die zu 704 Gattungen und 186 Familien gehören, von denen die Hälfte der Arten derzeit bedroht ist und fast ein Drittel davon hauptsächlich aus den Meeres- und Korallenhabitaten stammt (Chong et al., 2010). Insbesondere die Ostküste der malaysischen Halbinsel ist ein anfälliges Fanggebiet für Beifangaktivitäten sowohl von malaysischen als auch von vietnamesischen Fischern. Es wurde beobachtet, dass entlang der Küstengewässer von Pahang seit einem Jahrzehnt wahllose Fischereipraktiken durchgeführt werden, die langfristig für den allmählichen Rückgang der Fischereiressourcen in dieser faszinierenden Küstenzone verantwortlich sein könnten. Die persönliche Beobachtung des örtlichen Fischers ergab, dass der Rückgang der verschiedenen Arten auf mehrere Faktoren zurückzuführen ist, wie z.B. das massive Eindringen vietnamesischer Fischer in internationale Gewässer nahe der malaysischen AWZ. Die meisten Arten, wie z.B. der Sternendrückerfisch, die Seezunge, der Tigerhai und der Hammerhai, sind heutzutage kaum noch zu finden. Laut Fazly et al. (2018) war am [11.] Mai 2019 ein ausländisches Fischerboot aus Vietnam zum Fischen in malaysische Küstengewässer eingedrungen. Außerdem stellte die Malaysian Society of

1

Marine Sciences fest, dass das mit Bauxit verseuchte Rote Meer vor der Küste von Pahang ein "totes Meer" sein wird: für bis zu drei Jahre. Grund dafür ist die Zunahme des Abflusses der ockerroten Erde aus den Minen und den Halden in Kuantan.

Das Fischereimanagement hat immer die relevanten biologischen, technologischen, wirtschaftlichen, sozialen, ökologischen und kommerziellen Aspekte der Branche berücksichtigt, um eine effektive Erhaltung und

Management aller Fischereiressourcen. Die Bestimmung des aktuellen Ressourcenpotenzials war schon immer eine wichtige Überlegung für Fischereimanager. (DOF 2015). Verschiedene Managementprobleme und Herausforderungen, die große Auswirkungen auf die Fischereikapazität haben, werden wie folgt identifiziert: i. Überfischte Ressourcen, ii. Unzureichend aktualisierte Daten über Fischereiressourcen, iii. Unzureichende Kapazitäten und Fähigkeiten für Monitoring und Überwachung. vi. Unzureichendes öffentliches Bewusstsein und Beteiligung.

Die unveröffentlichten Studien, die von Jalal et al. (2012) am Pantai Sepat durchgeführt wurden, zeigten, dass dieses Gebiet keine hohe Diversität an Arten aufweist. Es gab jedoch keine früheren Studien zur Fischvielfalt entlang des Küstengewässers Pekan, Pahang (Pantai Sepat bis Tg. Selangor - das mittlere Gebiet von Kuala Pahang), das das wichtigste Gebiet für die Fischerei in den Küstengewässern von Pahang ist. Ziel der vorliegenden Studie war es daher, die Fischvielfalt und - verteilung sowie deren jahreszeitliche Variation in den Küstengewässern von Pahang, Malaysia, zu untersuchen.

MATERIALIEN UND METHODEN

Ort der Fischprobenahme
Das Untersuchungsgebiet basiert auf Meeresgebieten, die sich entlang der Küstengewässer von Pahang von 3,40155 °N bis 3,34894 °N und 103,21174 °E bis 103,25089 °E über etwa 16 km erstrecken (Abb. 1). Küstengebiete in Pahang wie Cherating, Teluk Cempedak, Tanjung Lumpur und Pantai Sepat werden zu den attraktivsten Stränden, da sie schöne Landschaften und Erholungsmöglichkeiten bieten (Azid et al., 2015; Tobergte & Curtis, 2013). Die Fischprobenahme wurde von April 2019 bis Oktober 2019 durchgeführt, wobei die Fischvielfalt und -verteilung von Pantai Sepat, Cherok Paloh und Tanjung Selangor in der Nähe von Kuala Pahang sowohl während der Monsun- als auch der Nicht-Monsunzeit erfasst wurde. Die Probenahme wurde zur Mittagszeit durchgeführt, da die meisten Fischer zu dieser Zeit ihr Boot anlandeten. Die akkumulierten Daten aus fünf Jahren (2014 bis 2018), die von World Weather Online bezogen wurden, zeigten, dass die höchste Windgeschwindigkeit im Jahr 2016 auftrat. Der feuchteste Monat mit der höchsten Niederschlagsmenge ist der Dezember (563,9 mm), während der trockenste Monat mit der geringsten Niederschlagsmenge der Februar (142 mm) ist (MMD, 2019).

2

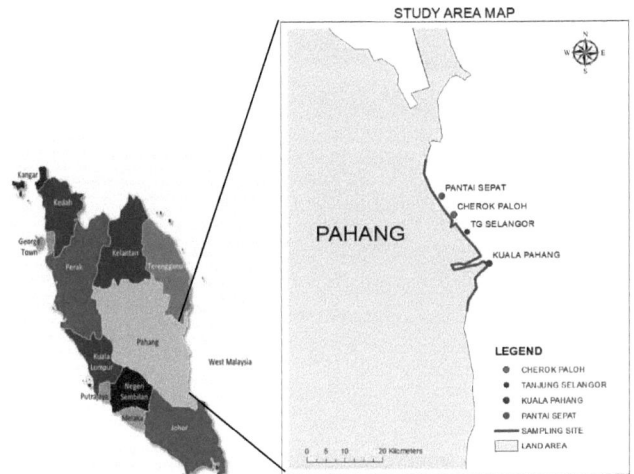

Abb. 1: Lage der Probenahmestellen.

Datenerfassung und Fischidentifikation

Die Exemplare wurden zweimal im Monat von Fischanlandestellen auf dem Markt in der Nähe von Pantai Sepat gesammelt. Die Fische wurden nach Arten sortiert und die Standardlängen wurden, wenn möglich, mit einem Lineal und einem Montagebrett auf dem Feld gemessen. Alle gefangenen Fische wurden gezählt und mit einer hochauflösenden Kamera fotografiert. Die in den Untersuchungsgebieten gesammelten Fischproben wurden anhand ihrer morphometrischen und meristischen Merkmale gemäß der von Mansor et al. (1998); Ambak et al. (2010) erwähnten Technik identifiziert. Die Umweltdaten wie Temperatur- und Niederschlagsdaten wurden von World Weather Online bezogen.

Daten- und Software-

Analyse   Shannon

Diversity Index

Der mit dem Shannon-Weaver-Diversitätsindex berechnete Diversitätsindex wird zur Charakterisierung der Artenvielfalt in einer Gemeinschaft verwendet und berücksichtigt sowohl die Abundanz als auch die Gleichmäßigkeit der vorhandenen Arten. Dieser Index ist der beliebteste im Vergleich zu den anderen Indizes. Normalerweise liegen die Werte zwischen 0,0 - 5,0 und die erzielten Ergebnisse zwischen 1,5 - 3,5. Anhand dieses Index kann der Zustand des Habitats identifiziert werden. Die Struktur des Habitats wird als stabil und ausgeglichen angesehen, wenn die Werte über 3,5 liegen, während Werte unter 1,0 bedeuten, dass die Habitatstruktur bereits degradiert und verschmutzt ist. Daher ist dieser Index sehr wichtig, um die Umwelt im Allgemeinen zu kennen.

Formel

$$H' -\Sigma \, [\, n_i \, / \, N) \, x \, (\ln n_i \, / \, N)]$$

wo,

3

H' : Shannon Diversity Index
ni : Anzahl der Individuen, die zur Art i gehören
N : Gesamtzahl der Individuen

Simpson Diversity Index

Als Nächstes wurde der Simpson-Dominanz-Index (D) verwendet, um die Biodiversität des Lebensraums zu quantifizieren, der sowohl die Anzahl der Arten als auch die Häufigkeit jeder Art berücksichtigt. Dieser Index variiert zwischen 0-1. Allerdings wird das Ergebnis von 1 subtrahiert, um das umgekehrte Verhältnis zu korrigieren.

Formel

$$1 - D \left[\Sigma \, ni \, (ni - 1) \right] / N \, (N-1)$$

wo,

D : Simpson Diversity Index
ni : Anzahl der Individuen, die zur Art i gehören
N : Gesamtzahl der Individuen
Dann wird die reziproke Form (1/D) des Simpson-Index für die Dateninterpretation übernommen.

Berger- Parker-Index

Dieser Index wird verwendet, um die proportionale Bedeutung der am häufigsten vorkommenden Arten zu messen. Wie beim Simpson-Index wird häufig der Kehrwert des Index, 1/d, verwendet, so dass die Zunahme des Indexwerts eine Zunahme der Vielfalt und eine Abnahme der Dominanz darstellt.

Formel

$$d = N_{max} / N$$

wo,

N_{max} : Anzahl der Individuen der am häufigsten vorkommenden Art

N : Gesamtzahl der Personen in der Stichprobe

Die Indizes für die Artenvielfalt und den Artenreichtum Shannon-Weaver-Index (H'), Simpson-Index [1-D oder 1/D] und Berger-Parker-Dominanzindex wurden mit Biodiversity Pro V2 berechnet (Shannon und Weaver, 1949; Simpson, 1949; Caruso et al., 2007). Die gesamte Software-Analyse wird mit PAST326 durchgeführt, während die statistische Analyse mit SPSS 25v erfolgt.

ERGEBNISSE

4

Abb. 2: Durchschnittstemperatur von Pekan, Pahang während der Nicht-Monsun- und Monsunzeit

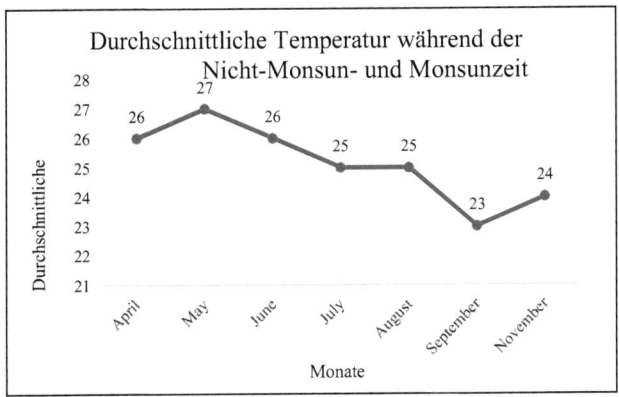

5

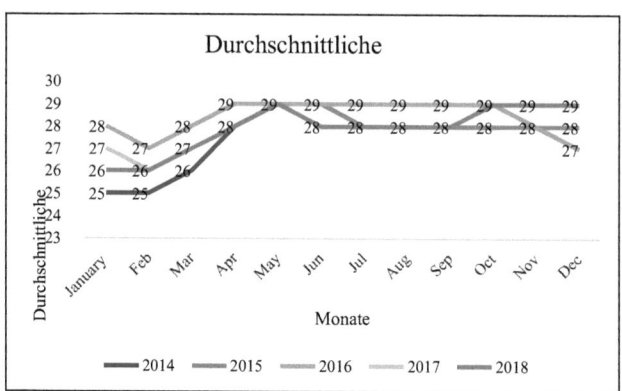

Abb. 3: Fünf Jahre meteorologische Daten der Durchschnittstemperatur in Pekan, Pahang
(*Quellen: https://www.worldweatheronline.com/pekan-weather-history/pahang/my.aspx*)

Die während der Nicht-Monsunzeit aufgezeichnete Durchschnittstemperatur lag zwischen 25°C und 27°C, wobei die niedrigste im Juli und August und die höchste im Mai aufgezeichnet wurde (Abb. 2). Während der Monsunzeit wurde die höchste Durchschnittstemperatur im Oktober (24°C) und die niedrigste (23°C) im September aufgezeichnet. Die fünf Jahre der meteorologischen Daten (2014-2018) ergaben, dass die Temperatur zwischen 25°C und 29°C schwankt (Abb. 3). Die Temperatur ist jedes Jahr um 1°C leicht erhöht. Von Juli bis August stagniert die Temperatur konstant bei 28°C von 2014 bis 2018.

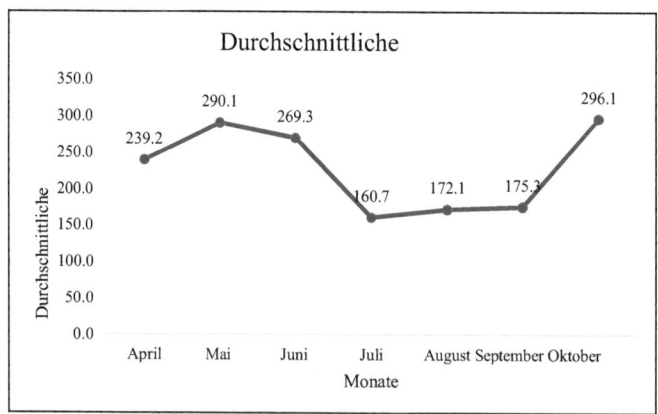

Abb. 4: Durchschnittliche Niederschlagsmenge (mm) von Pekan, Pahang während des Nicht-Monsuns und des Monsuns

6

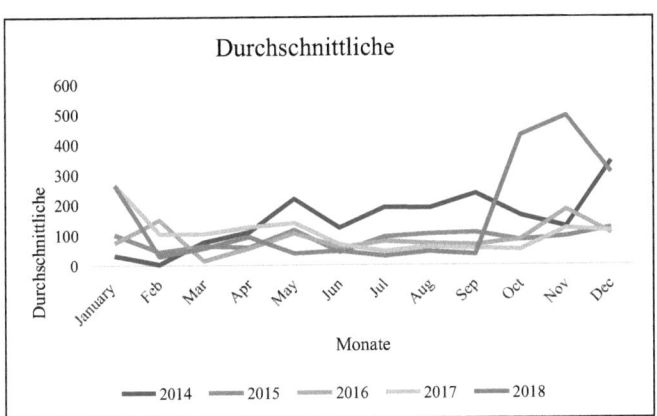

Durchschnittliche

Monate

━ 2014 ━ 2015 ━ 2016 ⋯ 2017 ━ 2018

Abb. 5: Fünf-Jahres-Daten der durchschnittlichen Niederschlagsmenge (mm) in Pekan, Pahang
(Quellen: https://www.worldweatheronline.com/pekan-weather-history/pahang/my.aspx)

Während der Nicht-Monsunzeit wurde die höchste durchschnittliche Niederschlagsmenge (mm) im Mai (290,1 mm) und die niedrigste im Juli (160,7 mm) gemessen. Währenddessen wurde während der Monsunzeit die höchste durchschnittliche Niederschlagsmenge (mm) im Oktober (296,1 mm) und die niedrigste im September (175,3 mm) aufgezeichnet. Der Fünf-Jahres-Trend der meteorologischen Daten zeigte, dass die maximale Niederschlagsmenge von 494,1 mm im November in Pekan, Pahang auftrat, während die minimale Niederschlagsmenge im Februar 2,53 mm betrug (Abb. 4). Die Lufttemperatur variierte zwischen 25°C und 29°C in den Jahren von 2014 bis 2018 (Abb. 5).

Tabelle 1: Liste der im Küstengewässer Pekan, Pahang, identifizierten Arten

Klasse	Bestellung	Familie	Spezies
	Beryciformes	Holocentridae	*Sargocentron rubrum*
	Beryciformes	Holocentridae	*Hexagona-Mückenfänger*
	Mugiliformes	Mugilidae	*Valamugil speigelri*
	Clupeiformes	Clupeidae	*Sardinella melanura*
	Clupeiformes	Chirocentridae	*Chirocentrus dorab*
Actinopterygii	Clupeiformes	Eugraulidae	*Thryssa mystax*
	Siluriformes	Ariidae	*Arius maculatus*
	Siluriformes	Plotosidae	*Plotosus canius*
	Gadiformes	Batrachoididae	*Batrachomoeus trispinosus*
	Perciformes	Carangidae	*Selaroides leptolepis*

7

Perciformes	Carangidae	*Selar boops*
Perciformes	Carangidae	*Atule mate*
Perciformes	Carangidae	*Tranchinotus blochii*
Perciformes	Carangidae	*Alectis indicus*
Perciformes	Carangidae	*Wimpertierchen (Alectis ciliaris)*
Perciformes	Carangidae	*Carangoides malabaricus*
Perciformes	Carangidae	*Megalaspis cordyla*
Perciformes	Caesionidae	*Caesio gerissen*
Perciformes	Caesionidae	*Caesio caerulaurea*
Perciformes	Chaetodontidae	*Schuppenschwamm*
Perciformes	Chaetodontidae	*Chelmon rostratus*
Perciformes	Drepaneidae	*Drepane longimana*
Perciformes	Drepaneidae	*Drepane punctata*
Perciformes	Ephippidae	*Platax teira*
Perciformes	Gerreidae	*Gerres oyena*
Perciformes	Gerreidae	*Gerres erythrourus*
Perciformes	Haemulidae	*Pomadasys maculatus*
Perciformes	Haemulidae	*Pomadasys kaakan*
Perciformes	Haemulidae	*Diagramma punctatum*
Perciformes	Haemulidae	*Plectorhincus gaterinus*
Perciformes	Lactariidae	*Lactarius lactarius*
Perciformes	Lethrinidae	*Lethrinus lentjan*
Perciformes	Lethrinidae	*Zwergpinscher*
Perciformes	Lethrinidae	*Lethrinus genivittatus*
Perciformes	Lethrinidae	*Letrinus ornatus*
Perciformes	Lethrinidae	*Gymnocranius frenatus*
Perciformes	Lutjanidae	*Lutjanus vitta*
Perciformes	Lutjanidae	*Lutjanus ruselli*
Perciformes	Lutjanidae	*Lutjanus malabaricus*

Perciformes	Lutjanidae	*Lutjanus lutjanus*
Perciformes	Mullidae	*Upenus tragula*
Perciformes	Mullidae	*Upeneus japonicus*
Perciformes	Nemipteridae	*Pentapodus setosus*
Perciformes	Nemipteridae	*Scolopsis monograma*
Perciformes	Nemipteridae	*Nemipterus furcosus*
Perciformes	Nemipteridae	*Taenioptera scolopsis*
Perciformes	Nemipteridae	*Scolopis affinis*
Perciformes	Pomacanthidae	*Chaetodontoplus mesoleucus*
Perciformes	Rachycentridae	*Rachycentron canadum*
Perciformes	Serranidae	*Epinephelus areolatus*
Perciformes	Serranidae	*Cephalopholis urodeta*
Perciformes	Serranidae	*Cephalopholis cyanostigma*
Perciformes	Serranidae	*Epinephelus formosa*
Perciformes	Serranidae	*Epinephelus coiodes*
Perciformes	Serranidae	*Cephalopholis boenack*
Perciformes	Serranidae	*Plectropomus maculatus*
Perciformes	Serranidae	*Diplorion bifasciatum*
Perciformes	Serranidae	*Epinephelus sexfasciatus*
Perciformes	Labridae	*Choerodon schoenleinii*
Perciformes	Labridae	*Cheilinus trilobatus*
Perciformes	Labridae	*Cheilinus chlorourus*
Perciformes	Polynemidae	*Eleutheronema tetradactylus*
Perciformes	Pomacentridae	*Abudefduf bengalensis*
Perciformes	Pomacentridae	*Pomacanthus annularis*
Perciformes	Scaridae	*Skarabäus Ghobban*
Perciformes	Scatophagidae	*Siganus guttatus*
Perciformes	Scombridae	*Scomberoides commersonnianus*
Perciformes	Scombridae	*Scomberoides tala*

9

Perciformes	Scombridae	*Rastrelliger brachysoma*
Perciformes	Scombridae	*Rastrelliger Kanagurta*
Perciformes	Sciaenidae	*Paranibea semiluctuosa*
Perciformes	Sparidae	*Terapon jarbua*
Perciformes	Sparidae	*Dextex tumifrons*
Perciformes	Sphyreanidae	*Sphyraena flavicaudas*
Perciformes	Sphyreanidae	*Sphyraena putnamae*
Perciformes	Sphyreanidae	*Sphyraena forsteri*
Perciformes	Sphyreanidae	*Sphyraena-Glibber*
Perciformes	Siganidae	*Siganus javus*
Perciformes	Siganidae	*Siganus fuscescens*
Perciformes	Siganidae	*Siganus vulpinus*
Perciformes	Siganidae	*Siganus canaliculatus*
Perciformes	Toxotidae	*Toxotes chatareus*
Pleuronectiformes	Cynoglossidae	*Cynoglossus bilineatus*
Pleuronectiformes	Psettodidae	*Psettodes erumei*
Clupeiformes	Clupeidae	*Sardinella melanura*
Carcharhiniformes	Scyliorhinidae	*Atelomycterus marmoratus*
Orectolobiformes	Hemiscyllidae	*Chiloscyllium griseum*
Orectolobiformes	Hemiscyllidae	*Chiloscyllium punctatum*
Orectolobiformes	Brachaeluridae	*Brachaelurus colcloughi*
Myliobatiformes	Dasyatidae	*Taeniura lymma*
Myliobatiformes	Dasyatidae	*Dasyatis ushie*
Chondrichthyes Myliobatiformes	Dasyatidae	*Pastinachus sephen*
Myliobatiformes	Dasyatidae	*Himantura gerradi*
Myliobatiformes	Dasyatidae	*Dasyatis parvonigra*
Myliobatiformes	Myliobatidae	*Aetobatus narinari*
Rajiformes	Rajidae	*Rhycobatus australiae*
Tetraodontiformes	Balistiidae	*Abalistes stellaris*

Tetraodontiformes	Diodontidae	*Diodon hystix*
Tetraodontiformes	Monocanthidae	*Chaetodermis penicilligerus*
Tetraodontiformes	Monocanthidae	*Monacanthus chinensis*
Tetraodontiformes	Monacanthidae	*Aluterus scriptus*
Tetraodontiformes	Monocanthidae	*Aluterus monocerus*
Tetraodontiformes	Monocanthidae	*Pseudomonacanthus macrurus*
Tetraodontiformes	Ostraciidae	*Ostracion cubicus*
Tetraodontiformes	Ostraciidae	*Ostracion nasus*
Tetraodontiformes	Tetraodontidae	*Lagocephalus suezensis*
Tetraodontiformes	Tetraodontidae	*Arothron immaculatus*
Tetraodontiformes	Tetraodontidae	*Arothron mappa*

Insgesamt wurden 5341 Individuen, bestehend aus 47 Familien, die zu 75 Gattungen mit 108 Arten gehören, während des gesamten Probenahmezeitraums (April 2019 bis Oktober 2019) aus dem Küstengewässer Pekan, Pahang, erfasst (Tabelle 1). Bei den gefangenen Fischen dominierten die Nemipteridae, gefolgt von den Familien Lutjanidae und Carangidae. Diese 47 Familien wurden in die Klassen Chondrichthyes und Osteichthyes eingeteilt, die eine wichtige Rolle für die Artenzusammensetzung der Fische im Küstengewässer Pekan spielen. Die Klasse Osteichthyes (Strahlenfische) war mit 50 gefundenen Arten die größte Klasse der Wirbeltiere in dieser Studie. Die Fische in dieser Klasse wurden mit Flossenstrahlen und Schuppen am Körper (ganoid, cycloid oder ctenoid) identifiziert.

Unter den anderen Familien in dieser Studie dominierte die Familie Nemipteridae mit einem Anteil von 36,01 % an der Gesamtzahl der gefangenen Fische im Untersuchungsgebiet während der Nicht-Monsun- und Monsunzeit mit einem Diversitätsindex (H') von 1,376 bzw. 1,115. Die Familie Nemipteridae besteht aus 5 Arten, nämlich *Pentapodus setosus, Scolopsis monogramma, Nemipterus furcosus, Scolopsis taenioptera* und *Scolopsis affinis*. Diese Familie, die auch als Fadenbrassen bekannt ist, ist ein häufiger Grundfisch des Indopazifiks, der drei Gattungen umfasst, nämlich *Nemipterus, Pentapodus* und *Scolopsis*. Unter allen Arten der Familie Nemipteridae war *Nemipterus furcosus* die dominante Art unter allen 5 Arten.

Basierend auf den gesammelten Proben wird Nemipterus *furcosus* aufgrund der höchsten Abundanz als die dominante Art angesehen, wobei sie 43 % zur Anzahl der gefangenen Individuen aus dem Probenahmegebiet beiträgt. Die höchste Anzahl wurde im Oktober aufgezeichnet. Die zweithäufigste Art stammt ebenfalls aus der Familien Nemipteridae, nämlich *Pentapodus setosus* mit einem Anteil von 29 %. *Scolopsis monogramma, Scolopsis taenioptera* und *Scolopsis affinis wurden* mit einer Gesamtzahl von 413, 159 bzw. 66 gefangenen Individuen registriert. *Nemipterus furcosus* und *Scolopsis taenioptera* wurden im Oktober mit 542 Individuen und 80 Individuen am häufigsten gefangen, *Scolopsis monogramma* wurde im August am häufigsten gefangen, ebenso wie *Scolopsis affinis*.

11

Tabelle 2: Saisonale Variation in der prozentualen Abundanz von Fischen (%) aus dem Küstengewässer Pekan, Pahang

	Nicht-Monsun		Monsun
Familie	**Abundanz (%)**	**Familien**	**Abundanz (%)**
Nemipteridae	36.01%	Nemipteridae	48.71%
Lutjanidae	21.85%	Lutjanidae	15.91%
Carangidae	5.73%	Carangidae	11.25%
Serranidae	3.89%	Serranidae	4.45%
Sparidae	3.31%	Haemulidae	3.59%
Siganidae	2.70%	Siganidae	2.52%
Mullidae	2.54%	Monocanthidae	2.38%
Caesionidae	2.25%	Sparidae	1.79%
Dasyatidae	2.25%	Scombridae	1.59%
Haemulidae	1.55%	Tetraodontidae	1.24%
Monocanthidae	1.55%	Caesionidae	1.24%
Rajidae	1.51%	Mullidae	0.90%
Ariidae	1.31%	Ariidae	0.86%
Scaridae	1.19%	Lethrinidae	0.76%
Chirocentridae	1.15%	Holocentridae	0.48%
Tetraodontidae	1.10%	Sphyreanidae	0.48%
Hemiscyllidae	1.06%	Gerreidae	0.35%
Brachaeluridae	0.90%	Scaridae	0.24%
Scombridae	0.90%	Brachaeluridae	0.17%
Sciaenidae	0.86%	Eugraulidae	0.14%
Gerreidae	0.82%	Ostraciidae	0.14%
Holocentridae	0.82%	Balistiidae	0.10%
Scatophagidae	0.74%	Chaetodontidae	0.10%
Sphyreanidae	0.74%	Cyglossidae	0.07%
Lethrinidae	0.41%	Drepaneidae	0.07%
Drepaneidae	0.37%	Ephippidae	0.07%

Chaetodontidae	0.33%	Batrachoididae	0.03%
Toxotidae	0.33%	Chirocentridae	0.03%
Polynemidae	0.49%	Dasyatidae	0.03%
Ostraciidae	0.29%	Hemiscyllidae	0.10%
Labridae	0.20%	Lactariidae	0.10%
Scyliorhinidae	0.20%	Labridae	0.03%
Pomacentridae	0.08%	Pomacentridae	0.03%
Mugilidae	0.08%		
Ephippidae	0.08%		
Eugraulidae	0.08%		
Rachycentridae	0.08%		
Clupeidae	0.04%		
Diodontidae	0.04%		
Myliobatidae	0.04%		
Pomacanthidae	0.04%		
Psettodidae	0.04%		
Plotosidae	0.04%		

Die Familie Nemipteridae ist ein bodenlebender Fisch, der in Schlamm- und Sandböden in küstennahen Küsten- sowie Offshore-Schelfgewässern lebt. Die Merkmale dieser Familie sind langgestreckte bis mäßig tiefe, zusammengedrückte, kleine bis mittelgroße sparoide Fische. Bei *Nemipterus* und *Pentapodus* ist das Maul endständig, klein bis mäßig; mäßig vorstehend; Zähne im Kiefer konisch, vergrößerte Eckzähne vorhanden. Die Körperfarbe erschien extrem aufstrebend, oft rosa oder rötlich mit roten, gelben oder blauen Markierungen. Fischer fangen diese Fadenbrassen oft, da sie auf dem Markt eine hohe Nachfrage haben.

Die Familie Lutjanidae war die zweithäufigste Familie, die in diesem Untersuchungsgebiet gefangen wurde, indem sie 21,85 % aller während der Nicht-Monsunzeit gefangenen Fische beitrug. Die Familie der Lutjanidae aus dem Untersuchungsgebiet bestand aus *Lutjanus vitta, Lutjanus ruselli* und *Lutjanus lutjanus*. Der prozentuale Anteil der Arten aus dieser Familie war: *Lutjanus vitta*: 38 %, *Lutjanus ruselli*: 1 %, *Lutjanus lutjanus*: 61 % (Tabelle 2).

13

Tabelle 3: Der Diversitäts- und Dominanzindex der an den Probenahmestandorten identifizierten Fische.

Saisonale Schwank ungen	Gesamtzahl der gefundenen Arten	H'	1-D	BP
Nicht-Monsun	92	3.284	0.9326	0.1335
Monsun	67	2.766	0.8798	0.2751

Der Wert des Shannon-Weaver-Diversitätsindex (H'), der Simpson-Index und der Berger-Parker-Index wurden entsprechend den saisonalen Schwankungen berechnet. Nach der Berechnung der gesamten Proben (108) wurde der Gesamt-H'-Wert gefunden 3,288 während der Nicht-Monsunzeit und 2,766 während der Monsunzeit. Es gibt keinen signifikanten Unterschied (p>0,05) zwischen den beiden Monsunen. Während der Nicht-Monsunzeit wurde der höchste Shannon-Diversitätsindex (2,978) im Juni und der niedrigste (2,466) im Mai gefunden. Währenddessen wurde der höchste Shannon-Diversitätsindex (2,884) im September und der niedrigste (2,244) im Oktober während der Monsunzeit gefunden. Der Simpson-Diversitätsindex (1/D) war am höchsten (0,9327) während der Nicht-Monsunzeit im Vergleich zur Nicht-Monsunzeit (0,8798). Der Berger-Parker-Dominanz-Index (a/d) zeigte, dass die Dominanz der Arten in der Monsunzeit mit 0,2751 höher war als in der Nicht-Monsunzeit (0,1334) (Tabelle 3).

DISKUSSION
Der Rückgang der Fische ist häufig auf verschiedene Faktoren zurückzuführen, wie z. B. die Überfischung von Arten, die Einführung invasiver Arten, die Verschmutzung durch städtische und industrielle Nutzung sowie der Verlust von Lebensräumen für die aquatische Biodiversität sowohl im Süßwasser als auch in der Meeresumwelt. Infolgedessen werden die wertvollen aquatischen Ressourcen immer anfälliger für natürliche und künstliche Umweltveränderungen. Daher ist eine Erhaltungsstrategie zum Schutz und zur Erhaltung des aquatischen Lebens notwendig, um das Gleichgewicht der Natur zu erhalten und die Verfügbarkeit der Ressourcen für zukünftige Generationen zu unterstützen (Ahmad Azfar, 2009). Das Südchinesische Meer liegt in der tropischen Zone des westlichen Pazifiks, vor der südöstlichen Ecke des asiatischen Kontinents, und ist sowohl für seine hohe Produktivität als auch für die reiche Vielfalt an Pflanzen und Tieren bekannt. In dieser Studie wurden insgesamt 5341 Individuen, die sich aus 47 Familien und 108 Arten zusammensetzen, aus dem Küstengewässer Pekan, Pahang erfasst, wobei 2444 Individuen während der Nicht-Monsunzeit und 2897 Individuen während der Monsunzeit aufgenommen wurden.

Ähnliche Studien wurden von anderen Forschern im Südchinesischen Meer durchgeführt. Randall und Lim (2000) listeten mindestens 3.365 Arten von Meeresfischen aus dem Südchinesischen Meer auf. Mohsin und Ambak (1996) meldeten 710 Arten von Meeresfischen aus malaysischen Gewässern und angrenzenden Meeren. Adrim et al. (2004) verzeichneten 430 marine Fischarten von den Anambas- und Natuna-Inseln auf dem Sunda-Schelf zwischen der Malaiischen Halbinsel und Borneo im Südchinesischen Meer. In jüngerer Zeit schätzten Ambak et al. (2010) das Vorkommen von 2.243 Fischarten in malaysischen Gewässern und 26 % der über 441 von Matsunuma et al. (2011) erfassten Fischarten in den Gewässern von Terengganu.

Bei den Felduntersuchungen von Fischen in Terengganu in den Jahren 2008-2009 wurden 441 Meeres- und Ästuar-Fischarten aus 108 Familien erfasst, was etwa 13 % der über 3.365 von Randall und Lim (2000) erfassten Fischarten aus dem Südchinesischen See ausmacht. Die Morphologie, Ökologie, Verbreitung, Exemplare mit Fotos und Literatur von Fischen (300 Familien mit 3086 Arten), die hauptsächlich in der Südchinesischen See vorkommen, wurden von der *Fish Database of Taiwan* (Shao 2011) gesammelt.

Laut Wang et al. (2012) wurden 95 Arten in 86 Gattungen aus 69 Familien mit Hilfe von DNA-Barcoding aus zwei Regionen im Südchinesischen Meer identifiziert: den Spratly-Inseln und dem Beibu-Golf. Auch Adrim et al. (2004) verzeichneten 430 marine Fischarten von den Anambas- und Natuna-Inseln auf dem Sunda-Schelf zwischen der Malaiischen Halbinsel und Borneo im Südchinesischen Meer. Mohsin und Ambak (1996) berichteten über 710 Arten von Meeresfischen aus malaysischen Gewässern und angrenzenden Meeren.

Basierend auf dem Shannon-Weaver-Index ist die Nicht-Monsunzeit im Vergleich zur Monsunzeit

15

vielfältiger. Es gibt jedoch keinen signifikanten Unterschied zwischen den beiden Jahreszeiten. Auch der Simpson-Diversitätsindex (1/d) zeigte, dass die Nicht-Monsunzeit vielfältiger ist als die Monsunzeit. Laut Alonso et al. (2017) ist der jährliche Monsun-Zyklus eine wichtige natürliche Kraft, die Meeresorganismen in tropischen Regionen beeinflusst. In einer Studie von (Al, 2007) wurde berichtet, dass die Temperatur die Ausbreitung von Meereslarven signifikant beeinflusst, da die Geschwindigkeit der biochemischen Prozesse in Organismen durch die Temperatur gesteuert wird. Infolgedessen wurden die Prozesse auf Populations-, Arten- und Gemeinschaftsebene beeinflusst. Durch die Temperaturschwankungen ändern sich die Anzahl und Vielfalt der erwachsenen Arten in der Meeresumwelt, während die Larven

Entwicklungszeit verändert wird. Es war offensichtlich, dass die Werte der Wasserqualitätsparameter oder die Auswirkung des zunehmenden Fischereidrucks für Unterschiede in der Artenvielfalt in verschiedenen Lebensräumen des Meeres verantwortlich sein würden (Komsari et al, 2015; Jalal, et al, 2012 a, b). Unsere Wasserqualitätsdaten von der Meteorologischen Abteilung entlang des Küstengewässers Pekan haben gezeigt, dass es während des Untersuchungszeitraums keine größeren Schwankungen der physikalischen Parameter (Temperatur- und Niederschlagsdaten) gab. Möglicherweise könnte die Niederschlagsmenge zusammen mit dem vorhandenen Temperaturbereich zwei Hauptfaktoren sein, die die gefangenen Fische dazu veranlassen, ihre Laichaktivitäten zu beginnen und die Abundanz von drei Familien (Nemipteridae, gefolgt von Lutjanidae und Carangidae) im Probenahmegebiet zu erhöhen.

In dieser Studie verzeichnete die Familie Nemipteridae den höchsten Shannon-Weaver-Index in der Monsunzeit im Vergleich zur Nicht-Monsunzeit. Dieses Gebiet könnte ein Laichgebiet sein, wie es von den Fischern berichtet wurde, als sie Fische, Eier und Jungfische rund um das Untersuchungsgebiet beobachteten. Außerdem bewegen sich die zu dieser Familie gehörenden Fische meist in Form von Schwärmen, um sich hauptsächlich von anderen kleinen Fischen, Kopffüßern, Krustentieren und Polychaeten zu ernähren. Der höchste Fang dieser Familie könnte auch auf die hohe Nachfrage auf dem Markt zurückzuführen sein, da es sich um kommerzielle und handwerkliche Fischerei handelt. Ähnlich sind die Familien, die in diesem Gebiet gefunden wurden, Lutjanidae, Caesionidae, Lethrinidae und Haemulidae. Es wurde beobachtet, dass verschiedene Arten unterschiedliche Laichzeiten und Lebensräume haben.

Daher sind die zweithäufigsten gefangenen Individuen während des Probenahmezeitraums Lutjanidae. Diese Familie ist auch als Schnapper bekannt und enthält mehr als 100 Arten von tropischen und subtropischen Fischen. Der Shannon-Weaver-Index dieser Fische war in der Monsunzeit höher als in der Nicht-Monsunzeit. Nach Angaben der Pazifischen Gemeinschaft laicht diese Familie normalerweise über die Jahre in wärmeren Gewässern, aber während der wärmeren Monate ziehen sie in kühlere Gewässer, besonders entlang der äußeren Riffe und Kanäle, um zu brüten. Laut Al (2007) variierte die Entfernung, die die Larven zurücklegten, mit der Meerestemperatur. Es wurde herausgefunden, dass die Larven derselben Art in kälteren Gewässern weiter wandern als in wärmeren Gewässern. Die Fischbrut in kalten Gewässern entwickelt sich langsamer und driftet weiter, bevor sie ihr nächstes Entwicklungsstadium beginnt, da der träge Stoffwechsel durch die kalten Temperaturen verursacht wird. Aus den befruchteten Eiern der meisten riffgebundenen Schnapper, die etwa einen Monat lang mit der Strömung treiben, schlüpfen kleine Formen. Nach 3 bis 8 Jahren sind die Jungtiere ausgewachsen und werden in offenen Küstengewässern ausgesetzt. Daher sind sie leicht zu fangen, da sie sich in großen Gruppen versammeln, um zu brüten, was während unseres Untersuchungszeitraums entlang der Fischereigebiete des Küstengewässers Pekan zu beobachten war.

Die dritte hochdiverse Familie, die in dieser Studie erfasst wurde, war Carangidae, die 5,73 % während der Nicht-Monsunzeit und 11,25 % während der Monsunzeit beitrug. Der günstige Lebensraum dieser Familie sind die Küstengewässer in tropischen und gemäßigten Gewässern auf der ganzen Welt. Meistens bewegen sich die Arten in Schwärmen, mit Ausnahme von *Alectis*; einige Arten sind weit verbreitet und die Jungtiere können normalerweise in brackigen Umgebungen gefunden werden, andere (*Elagatis* und *Naucrates*) sind pelagische Fische, die gewöhnlich an oder nahe der Oberfläche in ozeanischen Gewässern gefunden werden. Unter diesen Familien wurden mehrere Arten identifiziert: *Selaroides leptolepis, Selar boops, Atule mate, Tranchinotus blochii, Alectis indicus, Alectis ciliaris, Carangoides malabaricus*, und *Megalaspis cordyla. Atule mate* ist das am häufigsten gefangene Individuum, sowohl im Monsun als auch außerhalb des Monsuns. Nach Mundy (2005) sind die adulten Tiere in Mangrovengebieten und Küstenbuchten im pelagischen Wasser zu finden. Außerdem kann eine Art von Schwarm in küstennahen Gewässern festgestellt werden (Smith-Vaniz., 1999). Sie ernähren sich überwiegend von Krebstieren und planktischen Wirbeltieren wie Copepoden (Allen et al., 2012; Fischer et al., 1990).

SCHLUSSFOLGERUNG

Insgesamt wurden 5341 Individuen, bestehend aus 75 Gattungen, 47 Familien und 108 Arten, in den Küstengewässern von Pekan, Pahang, Malaysia, erfasst. Bei den gefangenen Fischen dominierten die Nemipteridae, gefolgt von den Lutjanidae, und die Familie Carangidae war im Untersuchungsgebiet sehr vielfältig. Das Vorhandensein von Jungfischen unterschiedlicher Größe im Fischernetz deutet darauf hin, dass sich das Laichgebiet der Arten dieser drei (3) Familien entlang des Küstengewässers Pekan befinden könnte. Insgesamt könnte die hohe Artenvielfalt im Untersuchungsgebiet darauf hindeuten, dass es

könnten viele erfolgreiche Arten und ein stabileres Ökosystem sein. Außerdem sind ein komplexes Nahrungsnetz und Umweltveränderungen für das Ökosystem in der Nähe des Küstengewässers von Pekan weniger schädlich.

Dennoch müssen die Fischereiaktivitäten entlang des Küstengewässers auf diskriminierungsfreie Weise kontrolliert werden, um die nachhaltige Entwicklung dieser wertvollen kommerziellen Arten in diesem faszinierenden Küstengewässer von Pekan, Pahang, Malaysia, zu gewährleisten. Überwachungsprogramme für die Fischerei sollten regelmäßige Probenahmen mit Hilfe von Techniken wie Versuchsfischerei und Luftbefragung von Fischern beinhalten, um die Artenvielfalt und die Sozioökonomie der Fischgemeinschaft zu bestimmen. Die gewonnenen Informationen könnten dann dazu verwendet werden, den Gesundheitszustand des Küstenwassers, des Ästuars und des Flusssystems zu bestimmen sowie geeignete Management- und Erhaltungsprogramme entlang des Südchinesischen Meeres zu initiieren.

REFERENZEN

Adrim, M., I.-S. Chen, Z.-P. Chen, K. K. P. Lim, H. H. Tan, Y. Yusof, und Z. Jaafar. (2004). Meeresfische von den Anambas und Natuna Inseln, Südchinesisches Meer. Raffles Bull. Zool. Suppl., (11): 117-130.

Ahmad Azfar, M. (2009) Diversity and Distribution of Fishes in Pahang Estuary, Malaysia. MS Dissertation. 196 pp.

Al, M. I. O. et. (2007). How do Changes in Ocean Temperature affect Marine Ecosystems?, (52), 2007-2007. Von http://ec.europa.eu/environment/integration/research/newsalert/pdf/52na2.pdf

Allen, G.R. und M.V. Erdmann, 2012. Reef fishes of the East Indies. Perth, Australien: University of Hawai'i Press, Volumes I-III. Tropical Reef Research.

Alonso Aller, E., Jiddawi, N. S., & Eklöf, J. S. (2017). Marine Schutzgebiete erhöhen die zeitliche Stabilität der Gemeinschaftsstruktur, aber nicht die Dichte oder Diversität von tropischen Seegrasfischgemeinschaften. *PLoS ONE, 12*(8), 1-23. https://doi.org/10.1371/journal.pone.0183999

Ambak, M.A., Mansor, M.I., Zaidi, M.Z. und Mazlan, A. G (2010). *Fishes in Malaysia*. 315 pp.

Azid, A., Noraini, C., Hasnam, C., Juahir, H., Amran, M.A., Toriman, M.E. & Kamarudin, A. 2015. Küstenerosionsmessung entlang Tanjung Lumpur bis Cherok Paloh, Pahang während der Nordost-Monsun-Saison. *Journal Teknologi* 1: 27-34.

Caruso, T., Pigino, G., Bernini, F., Bargagli, R., & Migliorini, M. (2007). Der Berger-Parker-Index als effektives Werkzeug zur Überwachung der Biodiversität gestörter Böden: eine Fallstudie über mediterrane Oribatiden (Acari: Oribatida) Assemblagen. *Biodiversity and Conservation, 16*(12), 3277-3285.

Chong, V. C., Jamizan, A. R., Yazid, Z., Rizman, I., Ali, S. H. & Natin, P. (2010). Diversität und Abundanz von Fischen und wirbellosen Tieren im Semerak-Ästuar und den angrenzenden Küstengewässern, Kelantan. *Malaysian Journal of Science* **29**, 91-106.

Department of Fisheries (2015) Nationaler Aktionsplan für das Management der Fischereikapazität in Malaysia (Plan 2). 50 pp.

Fazly Amri Mohd, Khairul Nizam Abdul Maulud, Rawshan Ara Begum, Siti Norsakinah Selamat, & Othman A.Karim. (2018). Impact of Shoreline Changes to Pahang Coastal Area by Using Geospatial Technology. *Sains Malaysiana, 47*(5), 991-997.

Fischer, W., I. Sousa, C. Silva, A. de Freitas, J.M. Poutiers, W. Schneider, T.C. Borges, J.P. Feral und A. Massinga, 1990. FAO-Artenbestimmungsblätter für die Fischerei. Feldführer der kommerziellen Meeres- und Brackwasserarten von Mosambik. Diese Publikation wurde in Zusammenarbeit mit dem Instituto de Investigaçao Pesquiera de Moçambique erstellt, mit finanzieller Unterstützung von UNDP/FAO Projekt MOZ/86/030 und NORAD. Rom, FAO. 1990. 424 p.

Jalal, K.C.A, Kamaruzzaman, Y. Arshad A., Arafatur, R., Rahman, M. F. (2012 a). Diversität und Verteilung von Fischen im tropischen Mündungsgebiet Kuantan, Pahang, Malaysia. Pakistan Journal of Biological Sciences, 15 (12), S. 576-582.

Jalal, K.C.A, M. Ahmad Azfar, B. Akbar John, Y.B. Kamaruzzaman und S. Shahbudin. (2012 b). Diversity and Community Composition of Fishes in Tropical Estuary Pahang Malaysia. Pakistan Journal of Zoology. 44(1), 181-187.

Komsari, M.S., Barni, A., Khara, H. (2015) Wachstum und Population auf die Struktur der Europäischen Barsch *Percafluviatilis Linnaeus*, 1758 (Osteichthyes: Percidae) in der Anzali Feuchtgebiet süd-westlichen Kaspischen Meer. Ind, J. Fish. 62(1):6-11.

Mansor, M.I., Kohno, H., Ida, H., Nakamura, H. T., Aznan, Z. & Abdullah, S. (eds.), (1998). Field Guide to important commercial marine fishes of the South China Sea. SEAFDEC/MFRDMD/SP/2.

Matsunuma, M., Motomura, H., Matsuura, K., Shazili, N. A. M., & Ambak, M. A. (2011). *Fische der Terengganu Ostküste der Malaiischen Halbinsel, Malaysia. National Museum of Nature and Science.* Abgerufen von http://www.museum.kagoshima-u.ac.jp/staff/motomura/TFG_lowres.pdf

MMD. (2011). Malaysia n Meteorological Department monthly rainfall review. (2011). Von: http://www.met.gov.my/?lang=en

Mohsin, A. K. M. und M. A. Ambak. 1996. Meeresfische und Fischerei von Malaysia und angrenzenden Ländern. Universiti Pertanian Press, Serdang, iv + xxxvi + 744 pp.

Mundy B.C., (2005). Checkliste der Fische des Hawaiianischen Archipels. Bishop Mus. Bull. Zool. (6):1- 704

Randall J.E., Lim KKP, Alien GR, Amaoka K, Anderson WD, Jr., Bellwood DR, Bohlke EB, Bradbury MG, Carpenter KE, Caruso JH, Cohen AC, Cohen DM. (2000). A checklist of the fishes of the South China Sea. Raffles Bull Zool supplement: 569–667.

Shannon, C. E., und Weaver, W., 1949. *The Mathematical Theory of Communication.*

Shao K.T., (2011). The Fish Datebase of Taiwan. WWW Web elektronische Veröffentlichung. Version 2009/1. Simpson, E. H. (1949). Messung der Diversität. *Nature 163*, 688

Smith-Vaniz, W.F., 1999. Carangidae. Jacks und Scads (auch Trevallies, Queenfishes, Runners, Amberjacks, Pilotfishes, Pampanos, etc.). p. 2659-2756. In K.E. Carpenter and V.H. Niem (eds.) FAO species identification guide for fishery purposes. The living marine resources of the Western Central Pacific. Vol. 4. Knochenfische Teil 2 (Mugilidae bis Carangidae). Rom, FAO. 2069-2790 p.

Tobergte, D.R. & Curtis, S. 2013. Malaysia Ostküstenregion. *Journal of Chemical* Urbana: University of Illinois Press.

Wang, Z. D., Guo, Y. S., Liu, X. M., Fan, Y. B., & Liu, C. W. (2012). DNA Barcoding South China Sea fishes. *Mitochondrial DNA*, *23*(5), 405-410. https://doi.org/10.3109/19401736.2012.710204

19

Untersuchung der Glucose-6-Phosphat-Dehydrogenase-Aktivität in Mangroven-Streptomyces zur Produktion von Actinohordin und Undercylprodigiosin

Azizan, N.H. *1, Zainal Abidin, Z.A. [1], Sharif, M.F. [1] und Mohd Maizam, A.F. [1]

[1]Abteilung für Biotechnologie, Kulliyyah of Science, International Islamic University Malaysia, Jalan Sultan Ahmad Shah, Bandar Indera Mahkota, 25200, Kuantan, Pahang, Malaysia.
*Korrespondierender Autor:fizahazizan@iium.edu.my

ABSTRACT

Diese Studie evaluiert das Potenzial der Verwendung von Glucose-6-Phosphat-Dehydrogenase-Aktivität Assay für Actinohordin und Undecylprodigiosin Produktionen aus Mangrove Streptomyces. Bisher wurden verschiedene Methoden zum Screening antimikrobieller Aktivitäten verwendet, wie z. B. der Agar-Spot-Test und der Disc-Diffusions-Assay, aber diese sind langwierige Screening-Methoden und zeitaufwendig. Um diese Einschränkungen zu überwinden, wurde ein plattenbasierter Assay vorgeschlagen, der ein schnelles Screening der Sekundärmetabolitenproduktion von zahlreichen Proben auf einmal ermöglicht. Die Entwicklung des plattenbasierten Assays erfolgte durch die Optimierung des Glucose-6-Phosphat-Dehydrogenase-Aktivitätstests. Dieser gekoppelte Assay basierte auf der Produktion von Dihydronicotinamid-Adenin-Dinukleotid-Phosphat (NADPH), wobei eine richtige Kombination von Nicotinamid-Adenin-Dinukleotid-Phosphat (NADP) und Glucose-6-Phosphat (G6P) verfeinert wurde. Die Produktion von NADPH wurde bei einer Absorption von 340 nm gemessen, da der reduzierte Cofaktor NADPH bei dieser Wellenlänge besonders gut absorbiert wird. Proben mit unterschiedlichen Konzentrationen des Rohlysats wurden verschiedenen Substratkonzentrationen ausgesetzt, um die beste Aktivitätskurve zu erhalten. Auch wenn die Aufklärung eindeutiger Muster spekulativ ist, wird angenommen, dass einige Verbesserungen oder Optimierungen dieser Studie vielversprechende Erkenntnisse bieten könnten, die in Zukunft als nützliche Referenz dienen können.

Stichworte: *Actinohordin, Dihydronicotinamid-Adenin-Dinukleotidphosphat, Nicotinamid-Adenin-Dinukleotid und Undecylprodigiosin.*

EINLEITUNG

Actinomyceten sind gram-positive fadenförmige Bakterien, die Lufthyphen bilden und sich in Sporenketten differenzieren (Kämpfer, 2015; Barka et. al. , 2016). Sie können im Boden, im Süßwasser und im Meer gefunden werden. Sie produzieren verschiedene nützliche Verbindungen, die als Sekundärmetaboliten bekannt sind und wichtige Anwendungen haben, wie die Antibiotika Tetracyclin, Erythromycin, Vancomycin und Streptomycin (Weber et al., 2015). In den letzten dreißig Jahren haben Forscher ein gesteigertes Interesse an Antibiotika-produzierenden Bakterien gezeigt, da sie sowohl in der Humanmedizin als auch in der kommerziellen Produktion viele Vorteile bieten.

Bisher wurden die antimikrobiellen Aktivitäten von Sekundärmetaboliten entweder durch das Bedecken einer Isolationsplatte mit einem Indikatororganismus oder durch den Agar-Spot-Test bewertet, der zum Nachweis antagonistischer Aktivitäten zwischen Bakterien verwendet wurde (Kun, 2003). Diese Methoden haben jedoch große Einschränkungen, da eine potenzielle Kontamination der ausgewählten Kolonien mit Indikatororganismen auftreten kann. Darüber hinaus handelt es sich um langwierige Screening-Methoden, da jeweils nur ein Indikatororganismus auf eine Isolationsplatte aufgebracht werden kann. Abgesehen davon ist die HPLC auch eine der Möglichkeiten der Screening-Methoden, jedoch zeitaufwendig (Ethiraj et al., 2011).

Nichtsdestotrotz werden Sekundärmetaboliten in der Natur typischerweise in sehr geringen Mengen produziert. Daher wurden bereits viele Untersuchungen durchgeführt, um das metabolische Netzwerk des zentralen Kohlenstoffstoffwechsels, die Vorstufen und Cofaktoren zu untersuchen, die für die Synthese von Sekundärmetaboliten erforderlich sind, um die Produktausbeute zu verbessern (Fan *et al.*, 2016). Es wurde festgestellt, dass die Mengen an Vorstufen für die Produktion von Sekundärmetaboliten, die aus dem Primärstoffwechsel benötigt werden, allmählich begrenzt werden, wenn die Produktausbeute steigt. Daher ist es notwendig, die

eine ausreichende Anzahl von Vorstufen liefern, die in der Regel durch den Katabolismus von Kohlenstoffsubstraten bereitgestellt wird, um eine hohe Ausbeute an Sekundärmetaboliten zu erhalten.

Um den Enzymtest zu optimieren, wurde eine Studie entworfen, um die Produktion von zwei sekundären Stoffwechselverbindungen, Actinohordin (ACT) und Undecylprodigiosin (RED), zu induzieren, indem der Pentosephosphatweg (PPP) von *Streptomyces* angegangen wird. Dies geschieht durch die Förderung der Umwandlung des ersten Enzyms des Weges, der Glukose-6-Phosphat-Dehydrogenase (G6PDH), durch die Suche nach der besten Verhältniskombination seiner Substrate; Glukose-6-Phosphat (G6P) und Nicotinamid-Adenin-Dinukleotid (NAD). Dadurch wird sichergestellt, dass die G6PDH-Enzyme mit ausreichenden Mengen an Substrat versorgt werden, um die Produktion von NADPH zu maximieren, bevor der zweite Stoffwechselweg katalysiert wird, der im Zusammenspiel die Antibiotikaproduktion erhöht, wie von Gunarson *et al.* (2004) vorgeschlagen. Im Wesentlichen ist NADPH das Reduktionsmittel, das im Prozess der Herstellung von Sekundärmetaboliten verwendet wird.

ACTINOMYCETES
Der Name Aktinomyzeten wurde von dem griechischen Wort "aktis" abgeleitet, das einen Strahl bedeutet, und "mykes", das sich auf einen Pilz bezieht. Dieser Name wurde aufgrund ihrer Morphologie vergeben, bei der sie Merkmale sowohl von Bakterien als auch von Pilzen besitzen (Das *et al.*, 2008), aber dennoch werden sie in das Reich der Bakterien eingeordnet (Madigan *et al.*, 2009). Sie enthalten eine G+C-reiche DNA mit einem Anteil von ca. 57-75% (Lo *et al.*, 2002) und sind phylogenetisch verwandt, wie die 16s ribosomale Katalogisierung und die DNA:rRNA-Paarungsstudien von Goodfellow & Williams (1983) zeigen. Sie zeichnen sich durch einen komplexen Lebenszyklus aus, wie er vom Phylum Actinobacteria beschrieben wird, das eine der größten taxonomischen Einheiten unter den 18 derzeit anerkannten Hauptlinien innerhalb des Bereichs Bacteria darstellt (Ventura *et al.*, 2007).

Actinomyceten sind sowohl in terrestrischen als auch in aquatischen Ökosystemen, hauptsächlich im Boden, weit verbreitet. Sie spielen eine wichtige Rolle beim Recycling refraktärer Biomaterialien, indem sie komplexe Mischungen von Polymeren in abgestorbenen Pflanzen, Tieren und Pilzmaterialien zersetzen, was zur Produktion vieler extrazellulärer Enzyme führt, die für die Pflanzenproduktion förderlich sind (Chaudhary *et al.*, 2013). Darüber hinaus haben Actinomyceten auch große Auswirkungen auf die biologische Pufferung von Böden, die biologische Kontrolle von Umgebungen durch Stickstofffixierung und den Abbau von hochmolekularen Verbindungen wie Kohlenwasserstoffen im verschmutzten Boden. Somit spielen diese Mikroorganismen eine wichtige Rolle bei der Erhaltung unserer Ökosysteme.

Vor allem Aktinomyzeten sind wertvolle Bakterien, die aufgrund ihrer Fähigkeit, Sekundärmetaboliten zu produzieren, allgemein bekannt sind. Berdy (2005) berichtete, dass 10000 von 23000 bioaktiven Sekundärmetaboliten, die von Mikroorganismen produziert werden, von Actinomyceten-Bakterien stammen, was 45 % aller entdeckten bioaktiven Mikroben ausmacht. Unter den verschiedenen Gattungen von Aktinomyceten sind die wichtigsten Produzenten von kommerziell bioaktiven Verbindungen *Streptomyces, Saccharopolyspora, Amycolatopsis, Micromonospora und Actinoplanes*

21

(Solanki *et al.*, 2008).

Streptomycetes coelicolor A3 (2)

Streptomyceten-Arten sind aerobe und gram-positive Bakterien, die ein fadenförmiges Wachstum aus einer einzelnen Spore zeigen. Ein Netzwerk aus verzweigten Fäden, das als Substratmyzel bezeichnet wird, wird gebildet, wenn ihre Fäden durch Spitzenverlängerung und Verzweigung wachsen (Dyson, 2011). Sie sind weithin anerkannt, da sie der Hauptproduzent sind und insgesamt 7600 Verbindungen produziert haben (Berdy, 2005). Infolgedessen sind *Streptomyceten* zu den primären Antibiotika produzierenden Actinomyceten geworden, die von der pharmazeutischen Industrie genutzt werden.

Streptomyces coelicolor A 3(2), ist der bekannteste Stamm von Streptomyceten, der Sekundärmetaboliten produziert. Laut Zhu *et al.* (2014) wurden viele Sekundärmetabolite aus diesem Stamm entdeckt, wie z. B. Actinohodin (ACT), Undecylprodigiosin (RED), calciumabhängiges Antibiotikum (Cda) und das plasmidkodierte Methylenomycin (Mmy). Außerdem enthüllte die Genomsequenz von *S. coelicolor* auch nach 50 Jahren Forschung immer noch viele bisher nicht identifizierte biosynthetische Gencluster, darunter eines für ein wahrscheinliches Antibiotikum namens kryptisches Polyketid (Cpk). Eine Sequenzstudie über antibiotische Gencluster und die

vollständigen Genoms von *S. coelicolor* ergab, dass solche Mikroorganismen wahrscheinlich in der Lage sind, eine größere Anzahl von Sekundärmetaboliten zu produzieren (Higginbotham & Murphy, 2010).

AKTINORHODIN (ACT) UND UNDECYLPRODIGIOSIN (ROT)

S. coelicolor synthetisiert zwei chemisch unterschiedliche Pigmente, die allgemein als Sekundärmetaboliten angesehen werden: Actinorhodin (ACT), ein diffusionsfähiger rot-blauer pH-Indikator, und Undecylprodigiosin (RED), eine rote, mit der Zellwand verbundene Verbindung (Rudd & Hopwood, 1980). In den letzten dreißig Jahren haben Forscher ein gesteigertes Interesse an RED-Verbindungen aufgrund ihrer immunsuppressiven und krebshemmenden Eigenschaften zusätzlich zu den antimikrobiellen Aktivitäten gezeigt. Inzwischen zeigen ACT-Verbindungen eine antibakterielle Aktivität gegen grampositive Zellen (Mak, Xu & Nodwell, 2014)

Actinorhodin ist ein aromatisches Polyketid, das von Enzymen synthetisiert wird, die in einem 22-kb-Gencluster kodiert werden. Der für die Actinorhodin-Produktion verantwortliche Gencluster enthält die biosynthetischen Enzyme und Gene, die für den Export des Antibiotikums verantwortlich sind. Der Aktinorhodin-Biosynthese-Cluster kodiert auch für einen pfadspezifischen Aktivator (actII-orf4), der die Biosynthese-Gene aktiviert. Dieses Aktivatorgen unterliegt wiederum der Wirkung von globalen Regulatoren, die seine Expression entweder aktivieren oder unterdrücken können (Craney, Ahmed & Nodwell, 2013). Des Weiteren erfolgt ihre Produktion über eine Typ-II-Polyketidsynthase (PKS). Die Bildung von Aktinorhodin begann damit, dass das Kohlenstoffgerüst im Primärstoffwechsel vollständig aus Fettsäurevorstufen, Acetyl-CoA und Malonyl-CoA hergestellt wird.

Inzwischen ist Undecylprodigiosin ein rot pigmentiertes, zellwandassoziiertes Antibiotikum, das zu einer Gruppe von bioaktiven Polypyrrolverbindungen gehört, die als Prodiginine bezeichnet werden (Luti & Yonis, 2014) und von einem 30-kb-Gencluster gesteuert werden. Zwei pfadspezifische Transkriptionsaktivatoren, die an der Aktivierung des Prodiginin-Gens beteiligt sind, sind RedZ und RedD. Im Pfad fungiert RedZ als direkter Aktivator von RedD, das dann auf die Biosynthesegene wirkt (Craney, Ahmed & Nodwell, 2013).

Es wurde eine Studie durchgeführt, um die Beziehung zwischen der Produktion von Sekundärmetaboliten und der Zusammensetzung der Wachstumsmedien zu bestimmen. Als Ergebnis zeigt sich, dass Act hauptsächlich in der stationären Phase von Batch-Kulturen produziert, die mit Glukose und Natriumnitrat als Kohlenstoff- und Stickstoffquellen angebaut wurden. Währenddessen akkumulierte Red während der exponentiellen Phase. Die Produktion beider Pigmente war empfindlich gegenüber den Gehalten an Ammonium und Phosphat im Medium (Hobbs *et al.*, 1990).

Außerdem wurden mehrere Studien zur Deletion der kodierenden Region des ppGpp-Synthetase-Gens, relA in *Streptomyces celicolor* A3 (2) durchgeführt, die mit der Antibiotika-Produktion korrespondieren. Sie stellten fest, dass es eine Korrelation zwischen dem ppGpp-Synthetase-Gen, relA und dem Beginn der Produktion von Undecylprodigiosin (Red) und Actinorhodin (Act) gibt, was zu der Vermutung führt, dass ppGpp eine zentrale Rolle bei der Auslösung der Antibiotika-Synthese spielt (Chakraburtty *et al.*, 1996).

Untersuchungen an Batch-Kulturen, von denen einige einer Aminosäure-Starvation unterzogen wurden, zeigten eine Korrelation zwischen der ppGpp-Synthese und der Transkription zwischen pfadspezifischen regulatorischen Genen für Red und Act (die beiden pigmentierten Antibiotika, die der Stamm herstellt). Die relA-Null-Mutante wuchs mit der gleichen Geschwindigkeit wie die elterlichen Stämme, was zu einer Verarmung der Produktion von Act und Red unter Stickstofflimitierung führte, schien aber unter anderen Bedingungen normal zu produzieren (Chakraburtty, R., & Bibb, M. 1997). Dies deutet darauf hin, dass Actinorhodin und Undecylprodigiosin aufgrund des ppGpp-Synthetase-Gens nicht produziert werden können, da relA unter Aminosäuremangel nicht optimal arbeiten kann.

GLUCOSE-6-PHOSPHAT-DEHYDROGENASE (G6PDH) TEST
Zuvor hatten viele Forschungen bewiesen, dass die Produktion von Sekundärmetaboliten von Vorläufern abhängt, die aus dem Primärstoffwechsel ergänzt werden. Zum Beispiel wurde 2012 eine Studie von Wentzel *et al.* durchgeführt, um die Beziehung zwischen den Kohlenstoffflüssen zur Biomassebildung und der Antibiotikaproduktion durch Veränderung der Kohlenstoff- und Stickstoffquellen oder durch Variation der anfänglichen Aussaatmengen der Zellen in den Kulturmedien zu finden

(Cheng *et al.*, 2013). Beide Studien hatten gezeigt, dass die Reaktion im Zusammenhang mit dem Aminosäurenweg dazu beitrug, die Flüsse zur Biosynthese verschiedener Vorstufen zu konzentrieren, die für die Synthese von Sekundärmetaboliten benötigt werden.

Im Anschluss daran wurde die jüngste Studie durchgeführt, indem der Pentose-Phosphat-Stoffwechselweg gezielt genutzt wurde, um die Produktion von Sekundärmetaboliten (Actinorhodin und Undecylprodigiosin) zu verbessern. Wie von Fan *et al.* (2016) erwähnt, spielt der Pentosephosphat-Stoffwechselweg eine wichtige Rolle bei der Produktion von Sekundärmetaboliten und wird als Quelle für Vorstufen betrachtet.

G6PDH + G6P + NAD ❼ 6-Phospho-D-glucono-1,5-lacton + NADPH

Dies geschieht durch die Maximierung der Umwandlung des ersten Enzyms des Weges, der Glucose-6-Phosphat-Dehydrogenase (G6PDH), durch die Bereitstellung einer ausreichenden Anzahl von Substraten, nämlich Glucose-6-Phosphat (G6P) und Nicotinamid-Adenin-Dinukleotid (NAD), um die Produktion von NADPH zu verbessern. Wie von Gunarson, Eliasson & Nielsen (2004) vorgeschlagen, spielt NADPH eine wichtige Rolle bei der Steigerung von Sekundärmetaboliten. NADPH ist das Reduktionsmittel, das im Prozess der Herstellung von Sekundärmetaboliten verwendet wird, und der Pentosephosphatweg ist einer der wichtigsten NADPH-produzierenden Wege. Das erste Enzym des Weges, die Glucose-6-Phosphat-Dehydrogenase (G6PDH), wird allgemein als ausschließlicher NADPH-Produzent angesehen.

MATERIALIEN UND

METHODEN
BAKTERIENSTÄMME
Streptomyces sp. K2-11 wurden aus Laborsammlungen (Research Lab 3, Kulliyyah Science, IIUM Kuantan) entnommen, die aus dem Mangrovensediment von Tanjung, Lumpur, Kuantan, Pahang isoliert wurden.

.

AUFBEREITUNG VON MEDIEN
Stickstofflimitierendes SMMS-Medium
Jeweils 2 g Difco-Casaminosäuren, TES-Puffer (5,68Gl-1) und Bacto-Agar wurden in destilliertem Wasser aufgelöst. Dann wurde der pH-Wert mit 10 M NaOH vor dem Autoklavieren auf 7,2 eingestellt. Die Medien mit den folgenden Bestandteilen wurden in einer bestimmten Menge zugegeben: NaH2PO4 + K2H2PO4 (je 50 M, 10 mL pro Liter Kultur), MgSO4.7H2O (1 M, 5 mL pro Liter Kultur), Glucose (50 % w.v, 18 mL pro Liter Kultur). Die Spurenelemente, die je o,1 gL-1 ZnSO4,7H2O, FeSO4,7H2O, MnCl2,4H2O, CaCl2,6H2O und NaCl enthalten. Die Lösung wurde bei 4ºC in einem Kühlschrank gelagert.

KULTURIERUNG von *Actinomyceten*
Alle Bakterienstämme wurden auf stickstofflimitierendem SMMS-Medium gezüchtet. Die Proben wurden vierzehn Tage lang bei 28ºC bebrütet und bei 120 U/min geschüttelt.

GLUCOSE-6-PHOSPHAT-DEHYDROGENASE-ASSAY
Herstellung von Extrakten
Die Methode wurde nach dem Protokoll von Borodina *et al.*, (2008) durchgeführt. Die für die Aktivitätsassays verwendeten Zellen wurden nach 67 h Wachstum in 200 ml definiertem Medium in einem 1-Liter-Kolben mit Edelstahlspirale geerntet. Die Zellen wurden durch Zentrifugation geerntet und in Puffer mit 50 mM TES, pH 7,2, 5 mM MgCl2, 5 mM 2-Mercaptoethanol, 50 mM (NH4)2SO4 und 0,1 mM Phenylmethylsulfonylfluorid (Puffer A) resuspendiert. Zum Aufbrechen der Zellen wurde Lysozym (in der Konzentration zugeben) verwendet.

G6PDH-Aktivität Assay

Glucose-6-Phosphat-Dehydrogenase (G6PDH, EC 1.1.1.49) Assays basieren auf der Produktion von NADPH und wurden nach dem Protokoll von Lessie und Wyk, (1972) und modifiziert nach Butler *et al.*, (2002) durchgeführt. Sowohl der Verbrauch von NADH als auch die Produktion von NADPH wurden spektrophotometrisch bei 340 nm gemessen. Die rohen Lysate wurden dem G6PDH-Aktivitätsassay unter Verwendung der bereitgestellten Substrate (G6P und NAD) zugeführt. Der Assay wurde in einer 96-Well-Platte für zwei Minuten durchgeführt, was die gleichzeitige Analyse einer großen Anzahl von Proben ermöglichte.

G6PDH + G6P + NADP ❷ 6-Phospho-D-glucono-1,5-Lacton + NADPH

ERGEBNISSE UND
DISKUSSION AUSZÜGE
VORBEREITUNG
Fünf Gattungen von Actinomycetes, nämlich *Streptomyces, Micromonospora, Nocardia, Nocardiopsis* und *Rhodococcus,* wurden aus Laborsammlungen entnommen. Diese Mikroben wurden identifiziert und sind dafür bekannt, antimikrobielle Aktivität zu produzieren. Alle Isolate wurden auf stickstofflimitierendem SMMS-Medium gezüchtet. Aus Zeitgründen wurde jedoch nur *Streptomycetes* für die Untersuchung der Sekundärmetabolitproduktion ausgewählt. Die *Streptomyceten* wurden fünf Tage lang auf SMMS-Platten kultiviert und für weitere drei Tage in SMMS-Bouillon subkultiviert,

gemäß dem Protokoll von Borodina *et al.* (2008). Dann wurden die Zellen durch Zentrifugation geerntet und in einem Puffer resuspendiert und anschließend dreimal wiederholt. Dadurch wird sichergestellt, dass 90 % der Zellen lysiert wurden und das Protein freigesetzt wurde. Phenylmethylsulfonylfluorid, das als Serinprotease-Inhibitor bekannt ist, wurde in den Puffer gegeben, um den Proteinabbau zu verhindern.

GLUCOSE-6-PHOSPHAT-DEHYDROGENASE-TESTS

Die rohen Lysate wurden für den G6PDH-Aktivitätsassay unter Verwendung der mitgelieferten Substrate (G6P und NADP) verwendet. Der Assay wurde in einer 96-Well-Platte durchgeführt, die die gleichzeitige Analyse einer großen Anzahl von Proben ermöglicht. Die Reaktion wurde durch Messung der Absorption bei 340 nm für zwei Minuten überwacht. Reduzierter Cofaktor, NADPH wurden bei dieser Wellenlänge leicht absorbiert.

Die bei verschiedenen Substraten und Proteinkonzentrationen gemessenen Reaktionsgeschwindigkeiten wurden in Abbildung 4.1 dargestellt. Um die beste Aktivitätskurve für die gegebene Bedingung zu erhalten, wurden sieben Proben mit unterschiedlichen Konzentrationen von Rohlysaten hergestellt (100 µL, 50 µL, 25 µL, 12,5 µL, 6,25 µL, 3,125 µL und 1,5625 µL). Dann wurden alle Proben verschiedenen Substratkonzentrationen unterzogen, um die beste Enzymaktivität zu ermitteln. In dieser Studie wurden acht Substratkonzentrationen ausgewählt, die mit verschiedenen Enzymkonzentrationen (2 µM, 5 µM, 10 µM, 20 µM, 30 µM, 40 µM, 50 µM und 60 µM) getestet wurden. Die Ergebnisse zeigen, dass die Reaktionsgeschwindigkeit der verschiedenen Substratkonzentrationen mit steigender Enzymkonzentration zunahm. Die Reaktion mit 20 µM des Substrats hat die höchste Enzymaktivität. Währenddessen wurde die geringste Enzymaktivität in der Reaktion mit 50 µM des Substrats für alle getesteten Enzymkonzentrationen gezeigt.

Abbildung 4.1 zeigt, dass bei höheren Konzentrationen der Rohlysate, speziell 100 µM, 50 µM und 25 µM, die Reaktion nicht stabil war, wenn sie niedrigeren Substratkonzentrationen (2 µM, 5 µM, 10 µM, 20 µM) ausgesetzt wurde. Die Reaktionen begannen jedoch bei einer Substratkonzentration von 30 µM bis 60 µM zu steigen. Diese Bedingungen standen im Widerspruch zu der Reaktion, die bei niedrigeren Konzentrationen von Rohlysaten (12,5 µM, 6,25 µM, 3,125 µM und 1,5625 µM), wobei die Reaktion bei niedriger Substratkonzentration leicht anstieg und bei hoher Substratkonzentration abnahm. Daraus ist ersichtlich, dass eine höhere Enzym- und Substratkonzentration die Aktivität erhöht, während eine niedrigere Enzymkonzentration mit einer höheren Substratkonzentration die Aktivität verringert.

25

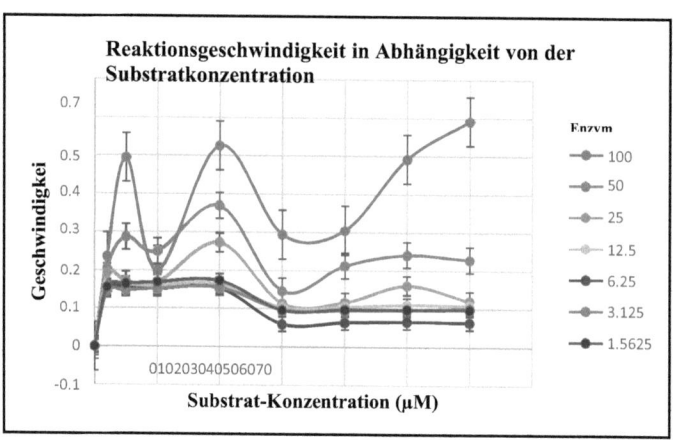

Abb. 4.1: Messung der Enzymaktivitäten aus Rohlysaten bei einer Wellenlänge von 340 nm mit verschiedenen Substratkonzentrationen. Alle Messwerte wurden mit der Kontrolle normalisiert

Insgesamt lässt sich feststellen, dass die Enzymaktivität mit steigender Enzym- und Substratkonzentration am besten funktioniert. Ein besserer Assay könnte jedoch durch die Verwendung eines gereinigten Enzyms durchgeführt werden. Laut Sharma und Chand, (2012) zeigt gereinigtes Protein bessere Aktivitätswerte im Vergleich zu Rohenzymen. Dies könnte auf die in der Reaktion vorhandenen Proteinverunreinigungen zurückzuführen sein, die die Absorptionsmesswerte stören können.

Nach Bisswanger (2014) gibt es neben pH-Wert, Temperatur und Ionenstärke noch weitere Faktoren, die den Assay beeinflussen können. Zum Beispiel die tatsächlichen Konzentrationen aller Assay-Komponenten. Dies kann dazu beitragen, dass die Abweichungen von den optimalen Bedingungen des Proteins zu einer Verringerung der Aktivität führen. Beispielsweise benötigen Enzymreaktionen, die von ATP abhängig sind, Mg2+ als essentielle Gegenionen. Die Testmischung wird limitierend, wenn nur ATP ohne Mg2+ auch in ausreichender Konzentration zugesetzt wurde, insbesondere wenn komplexbildende Verbindungen wie anorganische Phosphate oder EDTA vorhanden sind. In dieser Studie könnte dies auch als ein Faktor für die schwankenden Messwerte angesehen werden. Diese physikochemische Eigenschaft der G6PDH-Enzyme muss weiter untersucht werden, um bessere Assay-Bedingungen zu finden.

SCHLUSSFOLGERUNG

Dieser vorläufige Versuch zur Optimierung des Glucose-6-Phosphat-Dehydrogenase-Aktivitätstests war ermutigend. Auch wenn der Glukose-6-Phosphat-Dehydrogenase-Aktivitätstest nicht vollständig optimiert wurde, gibt es doch einige Erkenntnisse, die wir aus diesem Projekt mitnehmen können. Eine der Erkenntnisse war, dass es sich bei diesem Enzym um ein allosterisches Enzym handelt, das aufgrund des Vorhandenseins von mehreren Bindungsstellen nicht der Michealis-Menten-Kinetik gehorcht. Es wird angenommen, dass die Studie mit der Verbesserung bestimmter Faktoren, wie der Verwendung reinerer Enzyme, vielversprechendere Ergebnisse liefern könnte. Darüber hinaus hat dieses Protein ein höheres Potenzial zur Produktion von Sekundärmetaboliten durch die Bildung von NADPH, da G6PDH im Allgemeinen als NADPH-Produzent über den Pentosephosphatweg (PPP) angesehen wird. Dennoch sollte eine intensive Forschung zu den physikalischen und physikochemischen Eigenschaften von G6PDH durchgeführt werden, um die gesamte enzymatische Reaktion besser zu verstehen.

REFERENZEN

Barka, E. A., Vatsa, P., Sanchez, L., Gaveau-Vaillant, N., Jacquard, C., Klenk, H. P., ... & van Wezel, G. P. (2016). Taxonomie, Physiologie und Naturstoffe von Actinobacteria. *Microbiology and Molecular Biology Reviews*, *80*(1), 1-43.

Berdy, J. (2005). Bioaktive mikrobielle Metaboliten. *Journal of Antibiotics*, *58*(1), 1. Bisswanger, H. (2014). Enzyme assays. *Perspectives in Science*, *1*(1), 41-55.

Borodina, I., Siebring, J., Zhang, J., Smith, C. P., van Keulen, G., Dijkhuizen, L., & Nielsen, J. (2008). Antibiotika-Überproduktion in Streptomyces coelicolor A3 (2), vermittelt durch Deletion der Phosphofructokinase. *Journal of Biological Chemistry*, *283*(37), 25186-25199.

Brockman, I. M., Prather, K. L. J., & Gupta, A. (2017). Dynamic Knockdown of Central Metabolism for Redirecting Glucose-6-Phosphate Fluxes. *U.S. Patent No. 20,170,130,210*. Washington, DC: U.S. Patent and Trademark Office.

Butler, M. J., Bruheim, P., Jovetic, S., Marinelli, F., Postma, P. W., & Bibb, M. J. (2002). Engineering of primary carbon metabolism for improved antibiotic production in Streptomyces lividans. *Applied and Environmental Microbiology*, *68*(10), 4731-4739.

Craney, A., Ahmed, S., & Nodwell, J. (2013). Auf dem Weg zu einer neuen Wissenschaft Sekundärstoffwechsels. *The Journal of Antibiotics*, *66*(7), 387-400.

Chaudhary, H. S., Soni, B., Shrivastava, A. R., & Shrivastava, S. (2013). Diversity and Versatility of Actinomycetes and its Role in Antibiotic Production. *Journal of Applied Pharmaceutical Science*, *3*(8), 83-94.

Chakraburtty, R., White, J., Takano, E., & Bibb, M. (1996). Klonierung, Charakterisierung und Disruption eines (p)ppGpp-Synthetase-Gens (relA) von Streptomyces coelicolor A3 (2). *Molekulare Mikrobiologie*, *19*(2), 357-368.

Chakraburtty, R., & Bibb, M. (1997). Das ppGpp-Synthetase-Gen (relA) von Streptomyces coelicolor A3 (2) spielt eine bedingte Rolle bei der Antibiotika-Produktion und der morphologischen Differenzierung. *Journal of Bacteriology*, *179*(18), 5854-5861.

Cheng, J. S., Liang, Y. Q., Ding, M. Z., Cui, S. F., Lv, X. M., & Yuan, Y. J. (2013). Metabolische Analyse offenbart die Aminosäure-Reaktionen von Streptomyces lydicus auf das Pitching-Verhältnis während der Verbesserung der Streptolydigin-Produktion. *Angewandte Mikrobiologie und Biotechnologie*, *97*(13), 5943-5954.

Das, S., Lyla, P. S., & Khan, S. A. (2008). Distribution and generic composition of culturable marine actinomycetes from the sediments of Indian continental slope of Bay of Bengal. *Chinese Journal of Oceanology and Limnology*, *26*(2), 166-177.

Doelle, H. W. (2014). Aerobe Atmung. *Bacterial metabolism* (S. 364). Academic Press.

Dyson, P. (2011). *Streptomyces: Molekularbiologie und Biotechnologie*. Horizon Scientific Press.

Ethiraj, T., Revathi, R., Thenmozhi, P., Saravanan, V. S., & Ganesan, V. (2011). Hochleistungsflüssigkeitschromatographische Methodenentwicklung für die gleichzeitige Analyse von Doxofyllin und Montelukast-Natrium in kombinierter Form. *Pharmaceutical Methods*, *2*(4), 223-228.

Fan, Y., Hu, F., Wei, L., Bai, L., & Hua, Q. (2016). Auswirkungen der Modulation des Pentose-Phosphat-Wegs auf die Biosynthese von Ansamitocinen in Actinosynnema pretiosum. *Journal of Biotechnology*, *230*, 3-10. Goodfellow, M., & Williams, S. T. (1983). Ökologie der Actinomyceten. *Annual Reviews in Mikrobiologie*, *37*(1), 189-216.

Gunarson, N., Eliasson, A., & Nielsen, J. (2004). Kontrolle der Flüsse zu Antiobiotika und die Rolle des Primärstoffwechsels bei der Produktion von Antiobiotika. *Advance Biochemica*.

Engineering Biotechnology. , *88*, 137-178.
Higginbotham, S. J., & Murphy, C. D. (2010). Identification and characterisation of a Streptomyces sp. isolate exhibiting activity against methicillin-resistant Staphylococcus aureus. *Microbiological Research,165*(1), 82-86.
Hobbs, G., Frazer, C. M., Gardner, D. C., Flett, F., & Oliver, S. G. (1990). Pigmentierte Antibiotikaproduktion durch Streptomyces coelicolor A3 (2): Kinetik und der Einfluss von Nährstoffen. *Journal of General Microbiology, 136*(11), 2291-2296.
Kämpfer, P. (2015). Streptomyces. *Bergey's Manual of Systematics of Archaea and Bacteria*, 1-414.

Kun, L. Y. (2003). Screening für antimikrobielle Produkte. *Mikrobielle Biotechnologie: Prinzipien und Anwendungen.* (S. 13). World Scientific.
Lessie, T. G., & Vander Wyk, J. C. (1972). Multiple forms of Pseudomonas multivorans glucose-6-phosphate and 6-phosphogluconate dehydrogenases: differences in size, pyridine nucleotide specificity, and susceptibility to inhibition by adenosine 5'-triphosphate. *Journal of Bacteriology, 110*(3), 1107-1117.
Lo, C. W., Lai, N. S., Cheah, H. Y., Wong, N. K. I., & Ho, C. C. (2002). Actinomycetes isoliert aus Bodenproben aus der Crocker Range Sabah. *ASEAN Review on Biodiversity and Environmental Conservation.*
Luti, K. J. K., & Yonis, R. W. (2014). Induktion der Undecylprodigiosin-Produktion aus Streptomyces coelicolor durch Elicitation mit mikrobiellen Zellen mittels Festphasenfermentation. *Iraqi Journal of Science,* 55(4A), 1553-1562.
Madigan, M. T., Martinko, J. M., Dunlap, P. V., & Clark, D. P. (2008). Brock Biologie der Mikroorganismen, 12. Auflage. *Internationale Mikrobiologie, 11,* 65-73.
Mak, S., Xu, Y., & Nodwell, J. R. (2014). Die Expression von Antibiotikaresistenzgenen in Antibiotika-produzierenden Bakterien. *Molekulare Mikrobiologie, 93*(3), 391-402.
Rudd, B. A., & Hopwood, D. A. (1980). Ein pigmentiertes Myzel-Antibiotikum in Streptomyces coelicolor: Kontrolle durch ein chromosomales Gencluster. *Microbiology, 119*(2), 333-340.
Sharma, P. K., & Chand, D. (2012). Purification and Characterization of Thermostable Cellulase Free Xylanase from Pseudomonas sp. XPB-6.
Solanki, R., Khanna, M., & Lal, R. (2008). Bioactive compounds from marine actinomycetes. *Indian journal of microbiology, 48*(4), 410-431.
Ventura, M., Canchaya, C., Tauch, A., Chandra, G., Fitzgerald, G. F., Chater, K. F., & Sinderen, D. (2007). Genomics of Actinobacteria: Tracing the evolutionary history of an ancient phylum. *Microbiology and Molecular Biology Reviews, 71*(3), 495-548.
Weber, T., Charusanti, P., Musiol-Kroll, E. M., Jiang, X., Tong, Y., Kim, H. U., & Lee, S. Y. (2015). Metabolic engineering of antibiotic factories: new tools for antibiotic production in actinomycetes. *Trends in Biotechnology, 33*(1), 15-26.
Wentzel, A., Bruheim, P., Øverby, A., Jakobsen, Ø. M., Sletta, H., Omara, W. A. & Ellingsen, T. E. (2012). Optimized submerged batch fermentation strategy for systems scale studies of metabolic switching in Streptomyces coelicolor A3 (2). *BMC Systems Biology, 6*(1), 59.
Zhu, H., Sandiford, S. K., & van Wezel, G. P. (2014). Triggers and cues that activate antibiotic production by actinomycetes. *Journal of industrial microbiology & biotechnology, 41*(2),371-386.

Kultivierung vs. "Omics"-Ansatz für mikrobielles Bioprospecting im 21. Jahrhundert: Küstenumwelt in Malaysia

Suhaila Mohd Omar [1*]

[1Abteilung] für Biotechnologie, Kulliyyah der Wissenschaft, Internationale Islamische Universität Malaysia

*Korrespondierender Autor: osuhaila@iium.edu.my

ABSTRACT

Die küstennahe Umgebung ist der Lebensraum verschiedener funktionell wichtiger mariner Mikroorganismen. Zu den wertvollen Eigenschaften der Mikroorganismen für Bioprospektionsstudien gehört nicht nur die Toleranz gegenüber schnellen und wiederholten Schwankungen von Temperatur, Sonnenlicht, Salzgehalt, Welleneinwirkung, ultravioletter Strahlung und Dürreperioden. Andererseits produzieren Mikroorganismen, die epiphytisch, epibiotisch und symbiotisch leben, aufgrund ihrer Abwehr- und Signalmechanismen spezifische Toxine, Signalmoleküle und andere Sekundärmetaboliten. Die traditionelle und innovative Kultivierungsmethode ist immer noch relevant für Bioprospektionsstudien, während die "Omics"-Ansätze einen umfassenden Zugang zur Vielfalt und Funktion von Mikroorganismen bieten. Daher konzentriert sich diese Minireview auf die Herausforderungen, Strategien und den Erfolg von mikrobiellen Bioprospektionsstudien im Kontext der Küstenumwelt Malaysias mittels Kultivierung und "Omics"-Ansatz.

Schlüsselwörter: Omics; Mikroben; Symbiont; Mikrobenkultur

EINLEITUNG

Die insgesamt 4.800 km lange Küstenlinie Malaysias umfasst zwei deutlich unterschiedliche physikalische Formationen, darunter von Mangroven gesäumte Watten und Sandstrände, die eine ausgeprägte, einzigartige und spektakuläre Artenvielfalt beherbergen ((MYBIS, 2015). Die geraden Sandformationen sind an der Nordostküste von Peninsular Malaysia vorherrschend, während der Süden eine Reihe von haken- oder spiralförmigen Buchten umfasst. In der Zwischenzeit hat die Westküste von Peninsular Malaysia begrenzte Gebiete mit Taschensandstränden und besteht meist aus schlammigen Formationen. Die Küstenlinie in Sarawak und Sabah besteht zu fast gleichen Teilen aus Sandstränden und Schlammküsten (Abdullah, 1993). Der früheste Bericht über die marine Vielfalt stammt aus dem Jahr 1849 und umfasst einen Katalog der Fischvielfalt (Cantor, 1849). Im Vergleich zu Fischen, Reptilien, Säugetieren, Wirbellosen, Seegurken (Holothuroiden) und Seegräsern fehlen detaillierte Berichte über andere Meeresorganismen, insbesondere Mikroorganismen (Mazlan et al., 2005). Darüber hinaus macht das bekannte Korallendreieck, das die Riffe von Indonesien, den Philippinen und Malaysia umfasst, 76 % aller bekannten Korallenarten aus und beherbergt 37 % aller bekannten Korallenriff-Fischarten weltweit (Burke, 2011). Die außergewöhnliche Artenvielfalt der marinen Lebensräume bietet eine wertvolle Gelegenheit für Bioprospektion. Dieser Mini-Überblick beleuchtet die mikrobielle Biodiversität der malaysischen Küstengewässer und Bioprospektionsstudien mittels Kultivierung und "Omics"-Ansatz.

Küstenumgebung als Lebensraum von funktionell wichtigen marinen Mikroorganismen

Bioprospecting ist eine gezielte und systematische Exploration nach Bestandteilen, bioaktiven Verbindungen oder Genen innerhalb lebender Organismen. Dies kann alle Arten von Organismen umfassen; Mikroorganismen wie Bakterien, Pilze und Viren und größere Organismen wie Meerespflanzen, Schalentiere und Fische (Ministerium für Fischerei und Küstenangelegenheiten, 2009; Mossop, 2015). Die Meeresumwelt bedeckt mehr als 70 % der Erdoberfläche und enthält 97,5 % des Wassers auf unserem Planeten. Mikroorganismen stellen den Großteil des reichen und vielfältigen Lebens im marinen Lebensraum dar. Zu den Umweltfaktoren, die die Zusammensetzung der mikrobiellen Gemeinschaften im Meer im Vergleich zur terrestrischen Umgebung unterscheiden, gehört der Salzgehalt (Vogel et al., 2020). Die komplexen küstennahen mikrobiellen Gemeinschaften spielen auch eine wichtige Rolle bei der Regulierung des biogeochemischen Kreislaufs an der Land-Meer-Grenze, umfassen also alle Lebensbereiche und bilden ein Netzwerk, das die Wassersäule und das Sediment miteinander verbindet (Fuhrman et al., 2015; Moulton et al., 2016). Mikroorganismen aus Gezeitenzonen müssen in der Lage sein, unter extremen Bedingungen wie schnellen und wiederholten Schwankungen der Temperatur, des Sonnenlichts, des Salzgehalts, der Wellenbewegung, der ultravioletten Strahlung und Dürreperioden zu bestehen (McKew et al., 2011).

Aus biotechnologischer Sicht ist die Gruppe der Mikroorganismen, die unter epiphytischer, epibiotischer und symbiotischer Lebensweise leben, auch aufgrund ihrer spezifischen Konkurrenz- und Verteidigungsstrategien, die für oberflächenassoziierte Mikroorganismen charakteristisch sind, wie z. B. die Produktion von Toxinen, Signalmolekülen und anderen Sekundärmetaboliten, ein unvergleichliches Poolreservoir (Gonzalez et al., 2016). Schwämme und Korallen sind Beispiele für Lebensräume, in denen symbiotische Assoziationen von Mikroorganismen sowohl in Schwämmen und Korallen als auch mit marinen Wirbellosen zu finden sind (Amelia et al., 2020; Hanani et al., 2015). Das Endprodukt aus den Bioprospecting-Aktivitäten könnte ein gereinigtes Molekül sein, das biologisch oder synthetisch hergestellt wird, oder der gesamte Organismus. Auch wenn das marine Bioprospecting keine Industrie im traditionellen Sinne ist, ist das Potenzial, neue Verbindungen für die Verwendung in vielen verschiedenen Branchen zu gewinnen, die interessante treibende Kraft. Im Laufe der Jahre wurden neuartige und komplexere Ansätze entwickelt und genutzt, um die marine mikrobielle Biodiversität und ihr biotechnologisches Potenzial zu untersuchen.

Methoden zur Erforschung der mikrobiellen Biodiversität im Meer und mögliche Anwendung: Kultivierungsansatz Die geringe Kultivierbarkeit mariner Mikroben ist bekannt und wird als "Great Plate Count Anomaly" (Staley & Konopka, 1 9 8 5) bezeichnet, da die Anzahl der Kolonien, d i e sich auf Labormedium entwickelten, von der Gesamtzahl der Bakterien abweicht, die durch Epifluoreszenzmikroskopie von DAPI-gefärbtProben gezählt werden konnten. Das metabolische Potenzial von Mikroben im Labor oder die Funktion von Ökosystemen kann nur durch Studien an kultivierten Organismen bestätigt werden (Prakash et al., 2013). Daher ist die Isolierung, Charakterisierung und Konservierung neuartiger Mikroben eine Voraussetzung für das zukünftige Wachstum des Bioprospecting aus der Meeresumwelt. Tabelle 1 veranschaulicht die Liste einiger kultivierter Mikroben aus verschiedenen Küstenumgebungen Malaysias in den letzten 20 Jahren und ihre potenzielle Anwendung. *Alphaproteobacteria* und *Gammaproteobacteria* dominierten die Kultursammlung. Einige der Forscher verwenden die halbe Stärke der üblichen marinen Agar-Zusammensetzung als Versuch, die Isolierung neuartiger Stämme zu erhöhen (Kuek et al., 2016). Die Vielfalt der für die Kultivierung verwendeten Mediumformel (Law et al., 2019) sowie die nasse und trockene Wärmevorbehandlung erhöhen ebenfalls die Gewinnung neuartiger Actinomyceten (Abdul Malek et al., 2015). Bakterien, die zur Gattung *Streptomyces* gehören, sind als Produzenten vieler bioaktiver Verbindungen bekannt, was sie aufgrund ihrer zytotoxischen Eigenschaften zu wichtigen Mikroorganismen für Sekundärmetaboliten mit potenzieller antikanzerogener und antimikrobieller Rolle macht (Law et al., 2019). Die potenzielle Anwendung der Isolate reicht von der Enzymforschung (Cheng et al., 2020; Dinesh et al., 2017; Naresh et al., 2019; Omar et al., 2017; Yasim, 2018), Bioremediation (Hanani et al., 2015; Kuek et al., 2016), antibakteriell und antimykotisch (Zainal Abidin et al., 2016). Die Prävalenz von antibiotikaresistenten Bakterien und ihre großen Auswirkungen auf die menschliche Gesundheit machen die Suche nach neuen natürlichen Produkten, die dieses Problem lösen könnten, besonders aus der marinen Umwelt dringend notwendig (Jalal et al., 2012). Die meisten Isolate wurden durch eine Modifikation der Standard-Ausplattierungstechnik gewonnen, die nur einen sehr kleinen Anteil, 0,001-1 % der gesamten Assemblage, gewinnen kann (Staley & Konopka, 1985). Die Kultivierung gefolgt von einem Hochdurchsatz-Screening auf spezifische Funktionen ist eine weitere Strategie für Forscher mit den fortschrittlichen Einrichtungen, um die positiven Treffer zu erhöhen (Law et al., 2019).

Tabelle 1: Ausgewählte mikrobielle Bioprospektion mittels Kultivierungsansatz in der Küstenumgebung, Malaysia (2000-2020)

Nein.	Ort der Probenahme	Mikrobielle Stämme	Mögliche Anwendung	Ref
1	Meer Ressourcen (Hufeisenkrebs aus Sabah, Quallen aus Sarawak, Mollusken und marines Sediment aus	*Bacillus, Chryseomicrobium, Photobacterium, Pseudoalteromonas, Ruegeria, Shewanella,*	Enzyme: Amylase, Lipase und Protease	(Cheng et al., 2020)
	Kelantanand Meerwasser aus Terengganu) .	*Solibacillus, Tenacibaculum und Vibrio.*		
2	Mangrove Wald Tanjung Boden, Pahang Lumpur,	*Verrucosispora* sp. K2-04	Enzym: Xylanase	(Omar et al., 2017)
3	Estuarine Mangrovensediment von Matang Mangrove nwald	*Mangrovimonas xylaniphaga* sp. nov.	Enzym: Xylanase	(Dinesh und al., 2017)
4	Mangrove Wurzeln gesammelt inTanjung Piai, Johor	*Exiguobacterium* sp. CN10	Enzymefür Abbau von lignocellulosehaltiger Biomasse	(Yasim, 2018)
5	Mangrovenboden aus den nördlichen Bundesstaaten von Malaysia (Perlis, Kedah, Pulau Pinang und Perak).	*Bacillus subtilis* KB01; *Anoxybacillus* sp. UniMAP-KB02, KB03, KB04 KB05, KB06; *Paenibacillus dendritiformis* UniMAP-KB01	Thermophile Cellulase	(Naresh und al., 2019)
6	Südchinesisches Meer und entlang der Küstenlinie der Halbinsel Malaysia und Borneo	*Alphaproteobacteria: Caulobacteraceae, Phyllobacteriaceae, Rhodobacteraceae und Rhodospirillaceae,* *Betaproteobakterien: Alcaligenes sp.*	Bioremediation, stickstofffixierend und e Sulfatreduktion	(Kuek et al., 2016)

		Gammaproteobakterien: *Aeromonadaceae,* *Pseudoalteromonadaceae,* *Shewanellaceae,* *Pseudomonadaceae* und *Vibronaceae*		
7	Pulau Kapas Beach und Pantai Batu Burok, Terengganu.	NA	Antibakterielle Aktivitäten	(Mazalan et al., 2012)
8	Mangrovenöl in Kuching, Sarawak	*Streptomyces* sp.	Bioaktive Potentiale - in Bezug auf antioxidative und zytotoxische Aktivitäten	(Law et al., 2019)
9	Mangrove Wald Tanjung Boden, Pahang Lumpur,	*Streptomycesmangrovisoli* sp. nov.	Antioxidans identifiziert als Pyrrolo [1,2-a]Pyrazin-1,4-dion,Hexahydro	(Ser et al., 2015)
10	Mangrovenwaldboden, Tanjung Lumpur, Pahang	*Streptomyces-ähnliche* und *Micromonospora-ähnliche* Isolate	Antibakteriell un d antimykotisch	(Zainal Abidin et al., 2016)
11	Meer Schwa mm (*Gelliodes* sp.), gesammelt im Küstengebiet von Kuantan	*Bacillus* sp.	Bioremediation-Haloalkansäure (3-Chlorpropionsäure Säu re (3CP)-abbauende Aktivitäten	(Hanani et al., 2015)
12	Meeressediment von Songsong Island, Kedah, Malaysia.	18 Streptomyces-Isolate	Anti-Infektiva	(Fatin et al., 2017)

Omics- und Meta-Omics-Ansatz

Die innovativen Durchbrüche bei der Genomsequenzierung, der Bioinformatik und den Analysewerkzeugen wie Flüssig- und Gaschromatographie und Massenspektrometrie haben zusammen mit den Hochdurchsatztechnologien die Fortschritte bei den "Omics"-Technologien (Genomik, Transkriptomik, Proteomik und Metabolomik) gefördert. Im Vergleich zur Genomik, die ein spezifisches Isolat untersucht, ist die Metagenomik eine Technik, die die Sequenzierung von DNA aus den Genomen aller in einer bestimmten Probe vorhandenen Organismen beinhaltet und zu einer gängigen Methode für die Untersuchung der Struktur und Funktion der Mikrobiompopulation geworden ist. Durch diesen Ansatz können die Gene und Signalwege des gesamten Mikrobioms bestimmt werden. Die metagenomischen Methoden können auf der Grundlage der Sequenzierung von Metagenomen und der bioinformatischen Analyse der funktionellen Expression von metagenomischen Bibliotheken zur Identifizierung von Genen oder Genclustern von Interesse klassifiziert werden. Da die Mikroorganismen nicht isoliert oder kultiviert werden müssen, liefert die direkt extrahierte DNA Informationen über die metabolische und funktionale Kapazität einer bestimmten kultivierbaren und unkultivierbaren mikrobiellen Gemeinschaft (Simon & Daniel, 2011). Metagenomics geht Hand in Hand mit Next Generation Sequencing und Hochleistungs-Supercomputing und ermöglicht so einen breiten Zugang zu Diversität und Funktion von

Mikroorganismen (Knight et al., 2012). Andererseits hilft die Metatranskriptomik zu erklären, welche Stoffwechselwege und Gene an einem bestimmten Ort zu einer bestimmten Zeit exprimiert werden. Sowohl genomische DNA- als auch Gesamt-RNA-Bibliotheken können parallel präpariert und sequenziert werden, wenn die Probenbehandlung und das Nukleinsäureextraktionsprotokoll korrekt durchgeführt werden (Mason et al., 2012). Zwei weitere Ansätze, Metaproteomics, sind die Quantifizierung von Protein- oder Peptidspiegeln, während Metabolomics sich auf die Untersuchung von kleinmolekularen Metaboliten bezieht. Unter den vier sind Genomik und Metagenomik die beliebtesten Methoden, die zur Untersuchung des Küstenmikrobioms in Malaysia eingesetzt werden. Zum Zeitpunkt der Erstellung dieses Berichts wurde kein Bericht über eine Metaproteomik- oder Metabolomik-basierte Studie gefunden.

Genomischer Ansatz

Tabelle 2 zeigt Beispiele für die erfolgreiche Anwendung der Genomik an verschiedenen Bakterienisolaten zur Bestimmung von Enzym- und Sekundärmetabolit-Genclustern. Die genomische Untersuchung des *Catenovulum-ähnlichen* Stammes CCB-QB4 und von *Aureispira* sp. CCB-QB1 aus der Küstenumgebung von Penang beleuchtete die Biosynthese von Arachidonsäure (Lau et al., 2019a) bzw. von mehrfach ungesättigten Fettsäuren und Diterpenoid-Biosynthesewegen (Furusawa et al., 2015). Zwei weitere Stämme aus Hulu Selangor, *Vibrio variabilis* Stamm T01 (Mohamad et al., 2016) und *Vibrio sinaloensis* T47 (Mohamad et al., 2017), zeigen die Eigenschaften des Quorum Sensing. In der Zwischenzeit wurden bei *Streptomyces* sp. MUSC 125 und *Yangia* sp. Stamm CCB-MM3 aus der Mangroven-Umgebung Stoffwechselwege und Gene bestätigt, die mit der Produktion von Antioxidantien (Ser et al., 2016) bzw. Polyhydroxyalkanoat-Copolymeren (Lau et al., 2017) zusammenhängen. Data Mining der genomischen Sequenzen für die sechs Bakterien, die zur Gattung *Novosphingobium* gehören, aus der Datenbank des National Center for Bioinformatic Information (NCBI) liefert ebenfalls nützliche Einblicke in Gene, die mit der marinen Anpassung, der Zell-Zell-Signalübertragung und der Bioremediation zusammenhängen (Gan et al., 2013).

34

Tabelle 2: Ausgewählte mikrobielle Bioprospektion mittels genomischen Ansatzes in der Küstenumgebung, Malaysia (2000-2020)

Nein	Ort der Probenahme	Mikrobieller Stamm	Mögliche Anwendung	Ref.
1.	Küstengebiet von Penang	*Catenovulum-ähnlicher* Stamm CCB-QB4	Agarase	(Lauet al., 2019b)
2.	Küstengebiet von Penang	*Aureispira* sp. CCB-QB1	Linoleoyl-CoA-Desaturase, das Schlüsselgen in der Arachidonsäure-Biosynthese.	(Furusawa et al., 2015)
3.	Küstengewässer in Hulu Selangor	*Vibrio variabilis* Stamm T01	Quorum-Erkennung	(Mohamad et al., 2016)
4.	Morib Beach, Hulu Selangor.	*Vibrio sinaloensis* T47	Quorum-Erkennung	(Mohamad et al., 2017)
5.	Mangrovenboden an der Ostküste der Halbinsel Malaysia	*Streptomyces* sp. MUSC 125	Antioxidative Eigenschaften	(Seret al., 2016)
6.	Bodensediment im ästuarinen Matang-Mangrovenwald-Reservat	*Yangia* sp. Stamm CCB- MM3	Weg zur Herstellung von Propionyl-CoA und Gencluster für die PHA-Produktion	(Lauet al., 2017)
7.	NCBI-Datenbank	sechs Bakterien, die zur Gattung *Novosphingobium* gehören	Marine Anpassung, Zell-Zell-Signalübertragung und Bioremediation	(Ganet al., 2013)

Metagenomischer Ansatz

Die Möglichkeit, verschiedene mikrobielle Gemeinschaften mithilfe von Next-Generation-Sequencing (NGS) zu profilieren, hat das Interesse an der Mikrobiomforschung gesteigert. Durch diese kulturfreie Hochdurchsatztechnologie kann die Identifizierung und der Vergleich ganzer mikrobieller Gemeinschaften, auch bekannt als Metagenomik, durchgeführt werden. Metagenomics umfasst typischerweise zwei bestimmte Sequenzierungsstrategien: Amplikon-Sequenzierung, meist des 16S rRNA-Gens als phylogenetischer Marker, oder Shotgun-Sequenzierung, die die gesamte Breite der DNA innerhalb einer Probe erfasst (Morgan & Huttenhower, 2012).

Es gibt nur wenige Berichte über Studien zum "Omics"-Ansatz im Küstenmikrobiom von Malaysia. Wie in Tabelle 3 dargestellt, beschränkten sich die meisten Studien auf die bioinformatische Analyse der 16S rRNA-Amplikon-Sequenzierung und der Shotgun-Metagenom-Sequenzierungsdaten. Beide Sequenzierstrategien haben ihre Vorteile und Anwendungen. Die Verwendung des 16S ribosomalen RNA-Gens als phylogenetischer Marker hat sich als effiziente und kostengünstige Strategie für die Mikrobiomanalyse erwiesen und ermöglicht sogar die Vorhersage funktioneller Inhalte auf der Grundlage von Taxonhäufigkeiten. Alternativ können Wissenschaftler einen direkten experimentellen Ansatz wählen, um neue biochemische Funktionen von unbekannten Proteinen zu entschlüsseln, indem sie nach gereinigten Proteinen oder metagenomischen Genbibliotheken suchen, die entweder *E. coli* (Lee et al., 2015) oder Lambda-Phagen als Klonierungswirte verwenden (Popovic et. al., 2017). Zum Beispiel wurde die Abundanz von schwefelabbauenden Bakterien in einer benthischen Bakteriengemeinschaft des flachen Meeressediments vor der Küste von Terengganu im Südchinesischen Meer durch diese Strategie nachgewiesen. Die physikalisch-geochemische Analyse ergab, dass die untersuchten Bereiche Schwefel, Öl, Fett, Benzin, Diesel und

Mineralöl, was auf eine Auswirkung der Umweltbedingungen auf das Wachstum der schwefelabbauenden Bakteriengemeinschaft im nordöstlichen Bereich des untersuchten Gebietes schließen lässt (Marziah et al., 2016). Es gibt jedoch ein Problem mit der Anfälligkeit dieses Protokolls für Verzerrungen durch Probenvorbereitung und Sequenzierungsfehler. Darüber hinaus ist die 16S rRNA-Gen-Amplikon-Sequenzierung typischerweise auf die taxonomische Klassifizierung auf Gattungsebene beschränkt, abhängig von der verwendeten Datenbank und den Klassifikatoren, und liefert nur begrenzte funktionelle Informationen (Morgan & Huttenhower, 2012). Auf der anderen Seite bieten Shotgun-Metagenomics sowohl phylogenetische Übersichten als auch funktionelle Genzusammensetzungen von mikrobiellen Gemeinschaften (Thomas et al., 2012). Im Metagenom des Matang-Mangrovenwaldes der produktiven Zone war die mikrobielle Gemeinschaft überreichlich mit Genen ausgestattet, die mit dem Kohlenhydrat-Stoffwechsel zusammenhängen, insbesondere mit Enzymen, die am Abbau und der Nutzung von Polysacchariden aus Pflanzenzellwänden beteiligt sind. Die funktionelle Analyse, die sich auf kohlenhydratabbauende Enzyme konzentrierte, zeigte eine Reihe von Enzymen, die an der Verwertung von Hemicellulose, Cellulose und Pektin beteiligt sind (Priya et al., 2018). Der Nachteil der Shotgun-Metagenomik, der ihre breitere Anwendung einschränkt, sind die relativ hohen Kosten und die anspruchsvolleren bioinformatischen Anforderungen (Morgan & Huttenhower, 2012; Rausch et al., 2019).

Abgesehen davon, dass man bei der Identifizierung auf vorheriges Sequenzwissen angewiesen ist, ermöglicht die sequenzbasierte Metagenomik die Identifizierung einer riesigen Anzahl von Genen, die für putative Funktionen kodieren, ohne die Garantie, dass die Gene im heterologen Wirt erfolgreich exprimiert werden. Andererseits könnte das funktionelle Screening von Metagenomics-Bibliotheken zwar neue Erkenntnisse liefern, aber der relativ hohe Kosten für importierte molekulare Kits und Klonierungsvektoren, der hohe Arbeitsaufwand und die potenziell geringe Trefferquote im Screening-Prozess (Kennedy et al., 2008) könnten ein Grund dafür sein, dass dieser Ansatz für die lokalen Forscher nicht attraktiv genug ist.

Tabelle 3: Ausgewählte Metagenomics-Studie in Malaysia (2000-2020)

Nein	Ort der Probenahme	Sequenzierung Ansatz/Plattform	Ref.
1.	Entlang der Küste von Borneo, Malaysia und den Philippinen	Shotgun-Metagenomische Sequenzierung/Illumin a HiSeq2000	(Song et al., 2017)
2.	Oberflächen-Seewasser der Georgetown-Küste	Schrotflinte Sequenzier ung/ (Miseq) Ilumina	(Arumugamet al., 2013)
3.	Das Meerwasser an der Oberfläche der Litoralzone wurde aus einer Flussmündung in Sabak Bernam und einem Fischerdorf in Sekinchan, Selangor, gesammelt	16srNA Gen-Amplikon-Sequenzierung	(Chan & Chong, 2014)
4.	Sediment vor der Küste von Terengganu im Südchinesischen Meer	16s rRNA-Amplikon-Sequenzierung (Illumina) Miseq	(Marziah et al., 2016)
5.	Boden des Urwalds und der geernteten produktiven Zone des Matang-Mangrovenwald-Reservats	Shotgun-Metagenomik/ Llumina HiSeq2500	(Priya et al., 2018)
6.	Meerwasser des Südchinesischen Meeres Kontinuum (Rajang-Fluss und Mündungen führen ins Meer)	16s rRNA-Amplikon-Sequenzierung/ Illumina	(Sien Aun Sia et al., 2019)
7.	Schwämme (*Aaptos aaptos* und *Xestospongia muta*) von den Inseln Bidong und Redang.	16S rRNA-Amplikon-Sequenzierung/ Illumina HiSeq2500	(Amelia et al., 2020)

SCHLUSSFOLGERUNG

Es ist wichtig zu betonen, dass eine 16S rRNA-Gensequenz allein wahrscheinlich nicht ausreicht, um jede Mikrobe in der Umwelt eindeutig zu identifizieren. Die Daten können jedoch genutzt werden, um ein gezieltes und verbessertes Kultivierungsmedium und -verfahren zu entwickeln. Darüber hinaus könnte die Entwicklung von vielseitigeren Vektoren, Wirtsstamm-Engineering und kostengünstigen funktionellen Screening-Assays mit hohem Durchsatz die niedrige Trefferquote bei der funktionellen Metagenomik verbessern. Die Kombination aus Kultivierung, Sequenz- und funktionsbasiertem Ansatz, gefolgt von biochemischen und pharmazeutischen Studien, wird potenziell verschiedene Komponenten, bioaktive Verbindungen oder Gene aus der enormen Mehrheit der unkultivierten Mikroorganismen in der Umwelt aufdecken.

REFERENZEN

Abdul Malek, N., Zainuddin, Zarina, Chowdhury, A.J.K, Zainal Abidin, Z (2015). Diversität und antimikrobielle Aktivität der aus Tanjung Lumpur, Kuantan, isolierten Mangrovenboden-Actinomyceten. *Jurnal Teknologi, 77* (25). , 0 pp. 37-43. ISSN 0127-9696

Abdullah, S. (1993). *Coastal Developments in Malaysia-Scope, Issues and Challenges.* https://www.water.gov.my/jps/resources/auto%20download%20images/5844e2da4907f.pdf

Amelia, T. S. M., Lau, N.-S., Amirul, A.-A. A., & Bhubalan, K. (2020). Metagenomic data on bacterial diversity profiling of high-microbial-abundance tropical marine sponges *Aaptos aaptos* and *Xestospongia muta* from waters off Terengganu, South China Sea. *Data in Brief, 31,* 105971. https://doi.org/10.1016/j.dib.2020.105971

Arumugam, R., Chan, X.-Y., & Woh Choo, S. (2013). Metagenomic analysis of Microbial Diversity of TropicalSeaWaterofGeorgetownCoast , Malaysia. https://www.researchgate.net/publication/287558965

Burke, L. (2011). *Reefs at risk revisited* (L. Burke, K. Reytar, M. Spalding, & A. Perry, Eds.). World Resources Institute.

Cantor, T. (1849). *Catalouge of Malayan Fishes.*

Chan, K.-G., & Chong, T.-M. (2014). Prevalence of Unclassified Bacteria in Tropical Coastal Waters of Malaysia Revealed by Metagenomic Approach. *Genome Announcements, 2*(3). https://doi.org/10.1128/genomeA.00419-14

Cheng, T. H., Ismail, N., Kamaruding, N., Saidin, J., & Danish-Daniel, M. (2020). Industrielle Enzyme - produzierende Meeresbakterien aus marinen Ressourcen. *Biotechnology Reports, 27,* e00482. https://doi.org/https://doi.org/10.1016/j.btre.2020.e00482

Dinesh, B., Furusawa, G., & Amirul, A. A. (2017). Mangrovimonas xylaniphaga sp. nov. isoliert aus estuarinem Mangrovensediment des Matang Mangrovenwaldes, Malaysia. *Archives of Microbiology, 199*(1), 63-67. https://doi.org/10.1007/s00203-016-1275-8

Fatin, S. N., Boon-Khai, T., Shu-Chien, A. C., Khairuddean, M., & Abdullah, A. A. A. (2017). Ein mariner Actinomycete rettet *Caenorhabditis elegans* vor einer *Pseudomonas* aeruginosa-Infektion durch Restitution von Lysozym 7. *Frontiers in Microbiology, 8*(NOV). https://doi.org/10.3389/fmicb.2017.02267

Fuhrman, J. A., Cram, J. A., & Needham, D. M. (2015). Marine mikrobielle Gemeinschaftsdynamik und ihre ökologische Interpretation. *Nature Reviews Microbiology, 13*(3), 133-146. https://doi.org/10.1038/nrmicro3417

Furusawa, G., Lau, N.-S., Shu-Chien, A. C., Jaya-Ram, A., & Amirul, A.-A. A. (2015). Identifizierung von mehrfach ungesättigten Fettsäuren und Diterpenoid-Biosynthesewegen aus dem Genomentwurf von *Aureispira* sp. CCB-QB1. *MarineGenomics, 19,* 39-44. https://doi.org/https://doi.org/10.1016/j.margen.2014.10.006

Gan, H. M., Hudson, A. O., Rahman, A. Y. A., Chan, K. G., & Savka, M. A. (2013). Vergleichende genomische Analyse von sechs Bakterien, die zur Gattung *Novosphingobium* gehören: Insights into marine adaptation, cell- cell signaling and bioremediation. *BMC Genomics, 14*(1). https://doi.org/10.1186/1471-2164-14-431

Gonzalez NB, C., Toquica JS, R., Kleine L, L., & Castano D, M. (2016). Epiphytic Bacteria of Macroalgae of the Genus *Ulva* and their Potential in Producing Enzymes Having Biotechnological Interest. *Journal of Marine Biology & Oceanography, 5*(2). https://doi.org/10.4172/2324-8661.1000153

Hanani. N. S., Naim, A. M., Tengku Abdul Hamid, T. H., Huyop, F., & Abdul Hamid, A. A. (2015). Isolierung und Identifizierung von 3-Chlorpropionsäure abbauenden Bakterien aus Meeresschwämmen (Vol. 77). www.jurnalteknologi.utm.my

Jalal, K. C. A., Akbar, B. John., Kamaruzzaman, B. Y., & Kathiresan, K. (2012). *Emergence of Antibiotic Resistant Bacteria from Coastal Environment - A Review. in Antibiotic Resistant Bacteria-A Continuous Challenge in the New Millennium.* InTech.

Kennedy, J., Marchesi, J. R., & Dobson, A. D. (2008). Marine Metagenomik: Strategien für die Entdeckung neuartiger Enzyme mit biotechnologischen Anwendungen aus marinen Umgebungen. *Microbial Cell Factories, 7*(1), 27. https://doi.org/10.1186/1475-2859-7-27

Knight, R., Jansson, J., Field, D., Fierer, N., Desai, N., Fuhrman, J. A., Hugenholtz, P., van der Lelie, D., Meyer, F., Stevens, R., Bailey, M. J., Gordon, J. I., Kowalchuk, G. A., & Gilbert, J. A. (2012). Unlocking the potential of metagenomics through replicated experimental design. *Nature Biotechnology, 30*(6), 513-520. https://doi.org/10.1038/nbt.2235

Kuek, F. W., Mujahid, A., Lim, P.-T., Leaw, C.-P., & Mueller, M. (2016). Diversität und DMS(P)-

verwandte Gene in kultivierbaren Bakteriengemeinschaften in malaysischen Küstengewässern. *Sains Malaysiana, 45*(6), 915- 931.

Lau, N.-S., Sam, K.-K., & Amirul, A. A.-A. (2017). Genome features of moderately halophilic polyhydroxyalkanoate-producing Yangia sp. CCB-MM3. *Standards in Genomic Sciences, 12*(1), 12. https://doi.org/10.1186/s40793-017-0232-8

Lau, N.-S., Tan, W. R., Furusawa, G., & Amirul, A.-A. A. (2019a). Vollständige Genomsequenz des neuartigen agarolytischen Catenovulum-ähnlichen Stammes CCB-QB4. *Marine Genomics, 43*, 50-53. https://doi.org/https://doi.org/10.1016/j.margen.2018.08.009

Lau, N.-S., Tan, W. R., Furusawa, G., & Amirul, A.-A. A. (2019b). Vollständige Genomsequenz des neuartigen agarolytischen Catenovulum-ähnlichen Stammes CCB-QB4. *Marine Genomics, 43*, 50-53. https://doi.org/https://doi.org/10.1016/j.margen.2018.08.009

Law, J. W. F., Chan, K. G., He, Y. W., Khan, T. M., Ab Mutalib, N. S., Goh, B. H., & Lee, L. H. (2019). Diversität von *Streptomyces* spp. aus dem Mangrovenwald von Sarawak (Malaysia) und Screening ihrer antioxidativen und zytotoxischen Aktivitäten. *Scientific Reports, 9*(1). https://doi.org/10.1038/s41598-019- 51622-x

Lee, D. H., Choi, S. L., Rha, E., Kim, S. J., Yeom, S. J., Moon, J. H., & Lee, S. G . (2015). A novel psychrophile alkalische Phosphatase aus dem Metagenom von Wattenmeersedimenten. BMC biotechnology, 15(1), 1. https://doi.org/10.1186/s12896-015-0115-2

Marziah, Z., Mahdzir, A., Musa, Md. N., Jaafar, A. B., Azhim, A., & Hara, H. (2016). Abundance of sulfur- degrading bacteria in a benthic bacterial community of shallow sea sediment in the off-Terengganu coast of the South China Sea. *MicrobiologyOpen, 5*(6), 967-978. https://doi.org/10.1002/mbo3.380

Mason, O. U., Hazen, T. C., Borglin, S., Chain, P. S. G., Dubinsky, E. A., Fortney, J. L., Han, J., Holman, H.-Y. N., Hultman, J., Lamendella, R., Mackelprang, R., Malfatti, S., Tom, L. M., Tringe, S. G., Woyke, T., Zhou, J., Rubin, E. M., & Jansson, J. K. (2012). Metagenom, Metatranskriptom und Einzelzellsequenzierung zeigen die mikrobielle Reaktion auf die Deepwater Horizon Ölkatastrophe. *The ISME Journal, 6*(9), 1715-1727. https://doi.org/10.1038/ismej.2012.59

Mazalan, N., Zain, M. M., & Hamzah, A. S. (2012). Antimicrobial activity of marine bacteria from Malaysian coastal area. *2012 IEEE Symposium on Humanities, Science and Engineering Research*, 1273-1277. https://doi.org/10.1109/SHUSER.2012.6268808

Mazlan, A. G., Zaidi, C. C., Wan-Lotfi, W. M., & Othman, H. R. (2005). Zum aktuellen Status der marinen Küstenbiodiversität in Malaysia. In *Indian Journal of Marine Sciences* (Vol. 34, Issue 1).

McKew, B. A., Taylor, J. D., McGenity, T. J., & Underwood, G. J. C. (2011). Resistenz und Widerstandsfähigkeit benthischer Biofilm-Gemeinschaften aus einer gemäßigten Salzwiese gegenüber Austrocknung und Wiederbefeuchtung. *The ISME Journal, 5*(1), 30-41. https://doi.org/10.1038/ismej.2010.91

Ministerium für Fischerei und Küstenangelegenheiten, (Norwegen). (2009). *Marine Bioprospecting - a source of new and sustainable wealth growth.* https://www.regjeringen.no/en/dokumenter/marine-bioprospecting--a-a/id575822/ source-of-new-

Mohamad, N. I., Adrian, T. G. S., Tan, W. S., Muhamad Yunos, N. Y., Tan, P. W., Yin, W. F., & Chan, K. G. (2016). *Vibrio variabilis* T01: Ein tropisches Meeresbakterium mit einzigartiger N-Acyl-Homoserin-Lacton-Produktion . *FrontiersinLifeScience, 9*(1), 17-23. https://doi.org/10.1080/21553769.2015.1066716

Mohamad, N. I., How, K. Y., Yin, W.-F., & Chan, K.-G. (2017). Whole-genome Sequencing of *Vibrio sinaloensis* T47, a Tropical Marine Isolate with Quorum Sensing Properties. *Journal of Genomics, 5*, 48-50. https://doi.org/10.7150/jgen.16163

Morgan, X. C., & Huttenhower, C. (2012). Kapitel 12: Human Microbiome Analysis. *PLoS Computational Biology, 8*(12), e1002808. https://doi.org/10.1371/journal.pcbi.1002808

Mossop, J. (2015). "*Marine Bioprospecting*" in The Oxford Handbook of the Law of the Sea (D. Rothwell,

A. O. Elferink, K. Scott, & Stephens Tim, Eds.). Oxford University Press.

Moulton, O. M., Altabet, M. A., Beman, J. M., Deegan, L. A., Lloret, J., Lyons, M. K., Nelson, J. A., & Pfister, C. A. (2016). Mikrobielle Assoziationen mit Makrobiota in küstennahen Ökosystemen: Muster und Implikationen für den Stickstoffkreislauf. *Frontiers in Ecology and the Environment, 14*(4), 200-208. https://doi.org/10.1002/fee.1262

MYBIS, M. B. I. S. (2015). *Marine und küstennahe Biodiversität.* https://www.mybis.gov.my/art/6

Naresh, S., Kunasundari, B., Gunny, A. A. N., Teoh, Y. P., Shuit, S. H., Ng, Q. H., & Hoo, P. Y. (2019). Isolierung und teilweise Charakterisierung thermophiler cellulolytischer Bakterien aus nordmalaysischem tropischem Mangrovenboden. *Tropical Life Sciences Research, 30*(1), 123-147. https://doi.org/10.21315/tlsr2019.30.1.8

Omar, S. M., Farouk, N. M., Malek, N. A., & Abidin, Z. A. Z. (2017). *Verrucosispora* sp. K2-04, Potential Xylanase Producer from Kuantan Mangrove Forest Sediment. *International Journal of Food Engineering.* https://doi.org/10.18178/ijfe.3.2.165-168

Popovic, A., Hai, T., Tchigvintsev, A. et al. (2017). Activity screening of environmental metagenomic libraries reveals novel carboxylesterase families. Sci Rep 7, 44103

Prakash, O., Shouche, Y., Jangid, K., & Kostka, J. E. (2013). Mikrobielle Kultivierung und die Rolle von mikrobiellen Ressourcenzentren in der Omics-Ära. *Applied Microbiology and Biotechnology, 97*(1), 51-62. https://doi.org/10.1007/s00253-012-4533-y

Priya, G., Lau, N.-S., Furusawa, G., Dinesh, B., Foong, S. Y., & Amirul, A.-A. A. (2018). Metagenomische Einblicke in die phylogenetischen und funktionellen Profile des Bodenmikrobioms aus einer bewirtschafteten Mangrove in Malaysia. *Agri Gene, 9*, 5-15. https://doi.org/10.1016/j.aggene.2018.07.001

Rausch, P., Rühlemann, M., Hermes, B. M., Doms, S., Dagan, T., Dierking, K., Domin, H., Fraune, S., von Frieling, J., Hentschel, U., Heinsen, F. A., Höppner, M., Jahn, M. T., Jaspers, C., Kissoyan, K. A. B., Langfeldt, D., Rehman, A., Reusch, T. B. H., Roeder, T., ... Baines, J. F. (2019). Vergleichende Analyse von Amplikon- und metagenomischen Sequenzierungsmethoden offenbart Schlüsselmerkmale in der Evolution von tierischen Metaorganismen. *Microbiome, 7*(1). https://doi.org/10.1186/s40168-019-0743-1

Ser, H. L., Palanisamy, U. D., Yin, W. F., Abd Malek, S. N., Chan, K. G., Goh, B. H., & Lee, L. H. (2015). Presence of antioxidative agent, Pyrrolo[1,2-a] pyrazine-1,4-dione, hexahydro- in newly isolated *Streptomyces mangrovisoli* sp. nov. *Frontiers in Microbiology, 6*(AUG). https://doi.org/10.3389/fmicb.2015.00854

Ser, H. L., Tan, W. S., Ab Mutalib, N. S., Yin, W. F., Chan, K. G., Goh, B. H., & Lee, L. H. (2016). Draft genome sequence of mangrove-derived *Streptomyces* sp. MUSC 125 with antioxidant potential. *Frontiers in Microbiology, 7*(SEP). https://doi.org/10.3389/fmicb.2016.01470

Sien Aun Sia, E., Zhu, Z., Zhang, J., Cheah, W., Jiang, S., Holt Jang, F., Mujahid, A., Shiah, F. K., & Müller, M. (2019). Biogeografische Verteilung von mikrobiellen Gemeinschaften entlang des Rajang-Flusses. Südchinesisches Meer Kontinuum. *Biogeosciences, 16*(21), 4243-4260. https://doi.org/10.5194/bg-16-4243- 2019

Simon, C., & Daniel, R. (2011). Metagenomic Analyses: Past and Future Trends. *Applied and Environmental Microbiology, 77*(4), 1153-1161. https://doi.org/10.1128/AEM.02345-10

Song, J., Mujahid, A., Lim, P.-T., Samah, A. A., Quack, B., Pfeilsticker, K., Tang, S.-L., Ivanova, E., & Müller, M. (2017). Shotgun metagenomische Analyse mikrobieller Gemeinschaften im Oberflächenwasser des östlichen Südchinesischen Meeres. *Malaysian Journal of Microbiology, 13*(4), 350-362. http://metagenomics.anl.gov/

Staley, J. T., & Konopka, A. (1985). Measurement of in Situ Activities of Nonphotosynthetic Microorganisms in Aquatic and Terrestrial Habitats. *Annual Review of Microbiology, 39*(1), 321-346. https://doi.org/10.1146/annurev.mi.39.100185.001541

Thomas, T., Gilbert, J., & Meyer, F. (2012). Metagenomics-a guide from sampling to data analysis. *Microbial Informatics and Experimentation, 2*(1), 3.

Vogel, M. A., Mason, O. U., & Miller, T. E. (2020). Wirts- und Umweltdeterminanten der mikrobiellen Gemeinschaftsstruktur in der marinen Phyllosphäre. *PloS One, 15*(7), e0235441.

https://doi.org/10.1371/journal.pone.0235441

Yasim, N. H. M. (2018). Isolierung, Identifizierung und Charakterisierung von lignozellulären Bakterien aus Mangrovenwurzeln.

Zainal Abidin, Z. A., Abdul Malek, N., Zainuddin, Z., & Chowdhury, A. J. K. (2016). Selektive Isolierung und antagonistische Aktivität von Actinomyceten aus dem Mangrovenwald von Pahang, Malaysia. *Frontiers* *in* *Life* *Science*, *9*(1), 24-31. https://doi.org/10.1080/21553769.2015.1051244

Integrierte Multi-Trophische Aquakultur im offenen Wasser (IMTA) in Küstenökosystemen: Der Status und die Perspektiven in Malaysia

Najiah, M. [1*], Lee, K. L. [1], Nadirah, M. [1], Jalal, K. C. A. [2], Laith, A. A. [1], Habib, A. [1], Sheikh, H.I. [1],
N.W. Rasdil, Zainathan, S.C. [1], Abu Hena, M. K. [1], Ruhil H. H. [3]

[1]Fakultät für Fischerei und Lebensmittelwissenschaft, Universiti Malaysia Terengganu (UMT), 21030 Kuala Nerus, Terengganu

[2]Kulliyyah of Science, International Islamic University Malaysia (IIUM), Jalan Sultan Ahmad Shah, Bandar Indera Mahkota, 25200 Kuantan, Pahang

3Department of Paraclinical, Faculty of Veterinary Medicine, Universiti Malaysia Kelantan (UMK), Pengkalan Chepa, 16100 Kota Bharu, Kelantan

*Korrespondierender Autor: najiah@umt.edu.my

ABSTRACT

Weltweit ist Fisch eine wichtige Quelle für bezahlbares tierisches Eiweiß für den Menschen. Angesichts der wachsenden Nachfrage nach Meeresfrüchten spielt die Aquakultur eine wichtige Rolle, um die Versorgungslücke der stagnierenden Fangfischerei zu schließen und den Bedarf der wachsenden Bevölkerung zu decken. Malaysias marine Käfigkulturen sind aufgrund des geringen technologischen Aufwands auf geschützte Küstengewässer beschränkt. Die monotrophe intensive Käfigkultur sieht sich zunehmend mit einem plötzlichen massiven Fischsterben konfrontiert, das auf die Verschmutzung der Küsten durch anthropogene Aktivitäten an Land und den Betrieb der Käfigkultur selbst zurückzuführen ist. Integrierte multitrophische Aquakultur (IMTA) kombiniert die Zucht verschiedener trophischer Arten in unmittelbarer Nähe für symbiotische und komplementäre Funktionen, um die ökologische Widerstandsfähigkeit, Harmonie und Nachhaltigkeit zu fördern, sowie Krankheiten zu reduzieren. Trotz der Tatsache, dass die IMTA noch in den Kinderschuhen steckt, hat sie gute Aussichten, die Küstenverschmutzung auf biologische Weise zu mindern und die empfindlichen Küstenökosysteme in Malaysia wiederherzustellen und zu erhalten. Es gibt kein IMTA-System, das für alle geeignet ist. Eine optimale Artenkombination muss empirisch ermittelt werden, basierend auf den lokalen ökonomischen und ökologischen Szenarien.

Stichworte: Marine Käfigkultur, Selbstverschmutzung, Umweltauswirkungen, Bio-Mitigation, Nachhaltigkeit

EINLEITUNG

Die derzeitige Weltbevölkerung von 7,7 Milliarden Menschen wird bis 2050 voraussichtlich auf 9,7 Milliarden ansteigen (United Nations, Department of Economic and Social Affairs, Population Division, 2019). Die steigende Bevölkerung stellt einen enormen Druck und eine Herausforderung für die Lebensmittel- und Ernährungssicherheit dar, da immer noch über 820 Millionen Menschen auf der Welt an Hunger leiden. Fisch ist eine wichtige Quelle für erschwingliches tierisches Eiweiß für den Menschen und erreicht in vielen am wenigsten entwickelten Ländern, einschließlich der Länder im asiatischen Raum, 50 % der Gesamtaufnahme oder mehr (FAO, 2020). Da das Volumen der globalen Fangfischerei stagniert und zunehmend hinter der wachsenden weltweiten Nachfrage nach Meeresfrüchten zurückbleibt, liegt die Hoffnung auf der stetig wachsenden Aquakultur, um die steigende Nachfrage zu decken (Abbildung 1). Ausgestattet mit einer langen Küstenlinie, verfügt Malaysia über eine ausgedehnte Küstenfront mit potenziell geschützten Gewässern für die marine Käfigzucht. Die küstennahe Käfighaltung wird intensiv und fast ausschließlich auf einer einzigen trophischen Ebene betrieben, wobei verschiedene Monospezies unabhängig voneinander in

42

verschiedenen Käfigen oder Bereichen gezüchtet werden. Diese eintrophige Praxis hat im Laufe der Zeit zu einer Verschmutzung und Degradierung der Küstenumwelt geführt, was zu Episoden von plötzlichem Massensterben bei gezüchteten Fischen führte. In dieser Übersichtsarbeit wurde der Status der Freiwasser-IMTA in Malaysia und ihre Aussichten für die biologische Minderung der Küstenverschmutzung sowie die Wiederherstellung und Erhaltung empfindlicher Küstenökosysteme für eine nachhaltige Entwicklung der marinen Käfigkultur diskutiert.

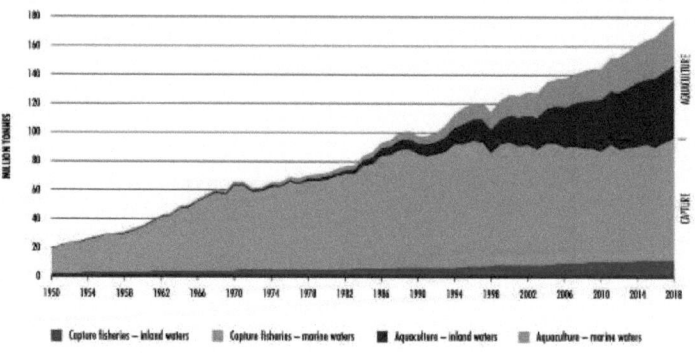

Abb. 1: Weltweite Fangfischerei- und Aquakulturproduktion (FAO, 2020).

Meereskäfig-Kultur in Malaysia
Die Käfigkultur wurde erstmals in den 1980er Jahren kommerziell etabliert (Shariff und Gopinath, 2000). Die Low-Level-Technologie hat die Käfigkultur auf Küstenregionen beschränkt, die vor starken Wellen geschützt sind, wie z. B. Gebiete, die durch Inseln, Lagunen und Flussmündungen geschützt sind. Im Norden verfügt der Staat Penang über 30.961 Käfigeinheiten mit einer Fläche von 638.082 ^{m2} , gefolgt von Perak (17.840 Käfige, 363.458,46 ^{m2}) und Kedah (8.818 Käfige, 135.582,19 ^{m2}). In der zentralen Region hat Selangor 17.961 Käfige mit 313.972,95 ^{m2}. Im Süden hat Johore die meisten Käfige (8.856) mit einer Fläche von 624.270 ^{m2}. An der Ostküste befindet sich die Käfighaltung vor allem in Kelantan (5.622 Käfige, 57.283,88 ^{m2}) und Terengganu (2.047 Käfige, 40.956,82 ^{m2}). Im Osten Malaysias gibt es in Sabah und Sarawak 8.699 Käfige (220.504 ^{m2}) bzw. 1.630 Käfige (16.795 ^{m2}) (DOF, 2018). Die Käfighaltung ist fast ausschließlich monotrophe Praxis, bei der Flossenfische wie Wolfsbarsch, Zackenbarsch und Schnapper gezüchtet werden, während eine sehr kleine Anzahl von Fischzüchtern auch Linienzucht von organischen extraktiven Arten betreibt, die von der Verfügbarkeit von natürlichem Saatgut in der Nähe des Käfigstandorts abhängt. Die eintrophige Praxis steht zunehmend vor großen Herausforderungen durch plötzliches massives Fischsterben aufgrund der sinkenden Qualität der Küstengewässer.

Umwelt- und Krankheitsprobleme in der marinen Käfigkultur
Die marine Käfighaltung kann dazu beitragen, den fischereilichen Druck auf die Wildfischbestände zu verringern, aber wenn sie nicht gemanagt wird, kann sie dem Ökosystem tatsächlich schaden. Die intensive Käfighaltung kann die Wasserqualität aufgrund von Futtermittelabfällen und Fäkalieneinträgen erheblich verschlechtern. Es wird geschätzt, dass 52 - 95 % des Stickstoffs (N), der dem Zuchtsystem als Futter zugeführt wird, letztendlich die Umwelt verschmutzen würde (Handy und Poxton, 1993), und zwar aufgrund von Verschwendung, schlechter Absorption und Rückhaltung. Organische Ausscheidungen aus der Käfigkultur werden den gelösten Sauerstoff (DO) in der Wassersäule durch mikrobielle Abbauprozesse verringern (Hargrave et al., 1993). Außerdem kann die mikrobielle Kompostierungsaktivität direkt einen hohen biochemischen Sauerstoffbedarf verursachen (Suratman et al., 2009). Außerdem erhöht dieser Prozess auch die Kohlendioxidproduktion in den

44

Gewässern durch die Atmung und führt zu niedrigen pH-Werten. Die Selbstverschmutzung der Käfighaltung kann, wenn sie unkontrolliert bleibt, zur Eutrophierung von Gewässern und Meeresböden führen und ein übermäßiges Wachstum von Algen und Pflanzen hervorrufen.

Darüber hinaus ist das Küstenökosystem kontinuierlich einer anthropogenen Verschmutzung ausgesetzt, die aus der Urbanisierung, Industrialisierung und anderen wirtschaftlichen Aktivitäten resultiert. In einer zehnjährigen Überwachung der Wasserqualität (2003 bis 2010 und 2014 bis 2015) an einem Marikulturstandort in der Setiu Wetland Lagune, Terengganu, zeigten Poh et al. (2019) eine hohe Phosphorkonzentration in Verbindung mit Ölpalmenplantagen, hohe Schwebstoffkonzentrationen aufgrund von großflächigen Landrodungen und eine Ammoniumanreicherung, die aus der Einleitung von Aquakulturen an Land resultiert.

Aquakultur und anthropogene Verschmutzung belasten die Küstengewässer kontinuierlich mit einer hohen Menge an organischen und anorganischen Abfällen. Solche Abfallstoffe belasten die Fische nicht nur mit einem verringerten Sauerstoffgehalt, Ammoniakvergiftung und schädlicher Algenblüte, sondern prädisponieren die gezüchteten Arten auch für verschiedene Krankheitserreger (Najiah et al., 2002; Najiah et al., 2008; Ariff et al., 2019). In Malaysia kommt es in den großen Käfigzuchtgebieten an der Küste immer häufiger zu plötzlichen massiven Fischsterben, die mit einer verschlechterten Wasserqualität zusammenhängen und den Landwirten sehr hohe Verluste verursachen (Lim, 2019, 12. August; Audrey, 2020, 4. Juni; Lo, 2020, 5. Juni). In dieser Hinsicht sind Abhilfemaßnahmen notwendig, um nährstoffreiche Gewässer zu sanieren und zu verhindern, dass sie sich in einem für Fische untragbaren Ausmaß verschlechtern. Dies wiederum wird die nachhaltige Entwicklung der küstennahen Aquakultur unterstützen.

Integrierte multitrophische Aquakultur
Integrierte multitrophe Aquakultur ist die Aufzucht von Aquakulturarten verschiedener Nahrungskettenebenen in räumlicher Nähe für komplementäre Ökosystemfunktionen, wobei das nicht gefressene Futter und die Abfälle einer Art von den Arten anderer Ebenen genutzt werden. Im marinen Ökosystem werden zum Beispiel gefütterte Aquakulturarten (z. B. Flossenfische) mit organischen extraktiven Arten (z. B. Suspensions- und Depotfresser) und anorganischen extraktiven Arten (z. B. Algen) integriert. Abbildung 2 zeigt den schematischen Aufbau des Freiwasser-IMTA-Systems.

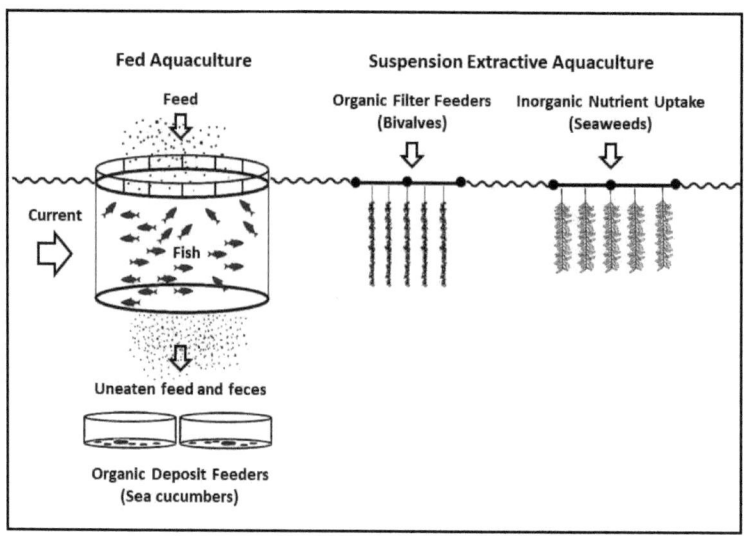

Abb. 2. Schematische Darstellung eines Freiwasser-IMTA-Moduls, das die Integration von gefütterten Aquakulturarten (z. B. Fischen) mit organischen extraktiven Arten (z. B. Muscheln als Suspensionsfilter-Fütterer und Seegurken als Depositions-Fütterer) und anorganischen extraktiven Arten (z. B. Algen) zeigt. Depositionsfresser werden unter den Fischkäfigen kultiviert, um nicht gefressenes Futter und Fischkot zu beseitigen, während die Filterfresser suspendierte organische Partikel aufnehmen und die anorganischen extraktiven Arten gelöste anorganische Nährstoffe wie Stickstoff und Phosphor eliminieren.

Das IMTA-System hat in China eine lange Geschichte mit Muscheln und Algen. Es wird seit den späten 1980er Jahren erfolgreich in der Sanggou-Bucht praktiziert (Fang et al., 1996) und findet heute in vielen Teilen Chinas Anwendung. Die Abalone-Seetang-Seegurken-Kombination gehört zu den erfolgreichen Modulen in der Praxis. In Kanada fand die erste IMTA-Forschung 2001 in der Bay of Fundy statt, und zwar zur Co-Kultivierung von Lachs (*Salmo salar*), Seetang (*Laminaria saccharina* und *Alaria esculenta*) und Miesmuschel (*Mytilus edulis*) (Chopin et al., 2007; Chopin und Robinson, 2004). Die Studie zeigte ein erhöhtes Wachstum von Seetang und Miesmuscheln um 46% bzw. 50%, was auf eine erhöhte Nahrungsverfügbarkeit in der Nähe der Lachsfarmen hindeutet. Chopin et al. (2007) zeigten auch, dass die aus IMTA produzierten Muscheln und Algen bei richtigem Management sicher für den menschlichen Verzehr verwendet werden können. Andere Länder, die ebenfalls IMTA erforscht haben, sind Chile, Südafrika und Israel (Chopin et al., 2008; Barrington et al., 2009) sowie in jüngerer Zeit das Vereinigte Königreich (insbesondere in Schottland), Irland, Spanien, Portugal, Frankreich, die Türkei, Norwegen, Japan, Korea, Thailand, die U.S.A. und Mexiko.(Garcia, 2012)

Der IMTA-Ansatz zielt darauf ab, die Umweltauswirkungen organischer und anorganischer Abfälle aus der Aquakultur zu reduzieren, damit diese ökologisch nachhaltiger sein kann (Lefebvre et al., 2000; Chopinetal., 2008; Troell et al., 2003; Neori et al., 2017). Sie gilt als eine spezialisierte Form der uralten Polykultur-Praxis, bei der verschiedene Arten in den Gewässern ko-kultiviert werden, oft ohne Rücksicht auf die trophische Ebene. Aus wirtschaftlicher Sicht ist IMTA auch eine Möglichkeit, das wirtschaftliche Risiko zu reduzieren und die Wettbewerbsfähigkeit durch die Diversifizierung der Arten zu erhöhen (Barrington et al., 2009). Sie gewinnt zunehmend an Bedeutung für ihre Ertragsqualität und Umweltverträglichkeit. Tabelle 1 zeigt einige der experimentellen IMTA-Module in Südostasien.

Tabelle 1: Experimentelle IMTA-Module in einigen südostasiatischen Ländern.

Land	Spezies-Kombination	Ergebnisse	Referenz
Gerupuk-Bucht, Zentral-Lombok, Indonesien,	Tiger-Zackenbarsch (*Epinephelus fuscoguttatus*), Silber-Pompano (*Trachinotus blochii*) und Seetang (*Kappaphycus alvarezii*)	Gute Wachstumsleistung bei Zackenbarsch und Pompano, sowie erhöhte Algenproduktion	Radiarta und Erlania, 2016
Gerupuk-Bucht, Zentral-Lombok, Indonesien,	(*Eucheuma cottonii* - Hummer - Abalone); (*E. cottonii* - Abalone - Rotkarpfen); (*E. cottonii* - Abalone - Zackenbarsch); (*E. cottonii* - Abalone - Pomfret)	*E. cottonii* - Abalone - Zackenbarsch Kombination zeigte die höchste Biomasseproduktion von *E. cottonii*	Sukiman et al., 2014.
Südliches Cebu, Philippinen	Eselsohr-Abalone (*Haliotis asinine*) als gefütterte Art und Algen (*Gracilaria heteroclada* und *Eucheuma denticulatum* als anorganische extraktive Arten	Die Abalone-Kultur produzierte im Versuchsmaßstab keine großen Mengen an Abfällen. *Gracilaria* und *Eucheuma* nebeneinander gewachsen Abalone-Käfige dienen als Feed-on-demand und Biofilter für anorganische Abfälle	Largo et al., 2016
Guimaras, Philippinen	Kombinierte Stiftkultur von Milchfisch *Chanos chanos*, mit Seegurke *Holothuria scabra* und Seetang *Kappaphycus* sp.	Milderung der Auswirkungen von überschüssigen Nährstoffen aus nicht gefressenem Futter und Fäkalien von Milchfischen und Erzielung zusätzlicher Einnahmen aus nicht gefütterten Arten	SEAFDEC, 2017
Provinz Khánh Hòa, Vietnam	Seegurke mit Garnelen oder Babylonschnecken	Kostengünstige Zucht von Seegurken verbesserte Wasserqualität für Garnelen oder Babylonschnecken	Die Fischseite, 2019
Sabah, Malaysia,	Languste (*Panulirus ornatus*), Seegurke (*Holothuria scabra*) und Seetang (*Kappaphycus alvarezii)* im Kreislaufsystem und Durchfluss	Bessere Effizienz der Wasserqualitätssanierung und Wachstum im Durchflusssystem	Sumbing et al., 2016

Status und Perspektiven von IMTA in Malaysia

Das IMTA-Konzept steckt in Malaysia derzeit noch in den Kinderschuhen. In Terengganu und Kelantan praktizieren einige Käfigkulturen, abhängig von der Verfügbarkeit von Wildsamen, die Drop-Line-Kultur von Austern neben der Zucht von Wolfsbarschen oder Zackenbarschen, um ein zusätzliches Einkommen zu erzielen und nicht aus ökologischer Sicht. In dieser Hinsicht werden ökologische Bewusstseinsbildung und technische Unterstützung den Bauern helfen, das komplette

IMTA-Modul zu übernehmen. Gesegnet mit einer ausgedehnten Küstenlinie und zahlreichen Inseln, hat Malaysia verschiedene Lebensräume für eine gute Vielfalt an Meeresalgen mit 35 Arten in 12 Familien der Cyanophyta; 113 Arten in 16 Familien der Chlorophyta; 95 Arten in 8 Familien der Ochrophyta; und 216 Arten in 36 Familien der Rhodophyta. Trotz der reichen Ressourcen an Algen wurden bisher nur *Kappaphycus alvarezii, Eucheuma denticulatum* und *Gracilaria manilaensis als* für kommerzielle Zwecke geeignet identifiziert (Phang et al., 2019). Seetang wird heute in Sabah mit 9.835,30 ha Anbaufläche am meisten kultiviert, während in Kedah nur ein sehr kleiner Anbau von 0,68 ha stattfindet (DOF, 2018). Mit dem etablierten Algenanbau und einer Fläche von 220.504 m^2 (8.699 Käfige) für Käfigkulturen hat Sabah im Vergleich zu anderen Bundesstaaten möglicherweise eine bessere Chance, IMTA zu implementieren.

SCHLUSSFOLGERUNG
Die marine Käfighaltung in Malaysia steht am Scheideweg, da die Verschmutzung durch anthropogene Aktivitäten an Land und die Käfighaltung selbst die Homöostase des Ökosystems kontinuierlich stört. Es kann nicht mehr allzu lange dauern, bis das durch die Verschmutzung verursachte massive Fischsterben überhand nimmt und die Zucht nicht mehr wirtschaftlich ist. Obwohl die IMTA in Malaysia noch in den Kinderschuhen steckt, hat sie gute Aussichten, die Verschmutzung der Küsten biologisch zu reduzieren und das empfindliche Küstenökosystem wiederherzustellen und zu erhalten. Die symbiotische und komplementäre Natur der IMTA wird die ökologische Widerstandsfähigkeit, Harmonie und Nachhaltigkeit fördern und die Wahrscheinlichkeit von Krankheiten bei den gezüchteten Arten verringern. Dennoch gibt es kein IMTA-System, das für alle gleich ist. Ein erfolgreiches Modul an einem Ort wird wahrscheinlich nicht an allen Orten passen. Die optimale Artenkombination sollte empirisch ermittelt werden, basierend auf den lokalen ökonomischen und ökologischen Szenarien.

REFERENZEN
Ariff, N., Abdullah, A., Azmai M.N.A., Musa N., & Zainathan, S.C. (2019). Risikofaktoren im Zusammenhang mit viraler Nervennekrose bei hybriden Zackenbarschen in Malaysia und die hohe Ähnlichkeit ihres Erregers, dem Nervennekrose-Virus, mit reassortierten Stämmen des Rotpunkt-Zackenbarsch-Nervennekrose-Virus/Striped Jack Nervennekrose-Virus. *Veterinary World*, 12(8), 1273-1284.

Audrey, D. (2020, Juni 4). Kein Grund zur Sorge über Fischkadaver im Meer. *New Straits Times*. Abgerufen von https://www.nst.com.my/news/nation/2020/06/597957/no-need-worry-about-fish-carcasses-sea.

Barrington, K., Chopin, T., & Robinson, S. (**2009**). Integrierte multi-trophe Aquakultur (IMTA) in marinen gemäßigten Gewässern. In D. Soto (ed.). Integrated mariculture: a global review. *FAO Fisheries and Aquaculture Technical Paper*. No. 529. Rom, FAO. S. 7-46.

Chopin, T., & Robinson, S. (2004) Defining the appropriate regulatory and policy framework for the development of integrated multi-trophic aquaculture practices:introduction to the workshop and positioning of the issues. *Bull Aquacult Assoc Can.*, 104, 4-10.

Chopin, T., Robinson, S., Page, F., Ridler, N., Sawhney, M., Szemerda, M., Sewuster, J., & Boyne-Travis, S. (2007). Integrierte multitrophische Aquakultur auf dem Vormarsch in Kanada. *The Canadian Aquaculture Research and Development Review*, S. 28.

Chopin, T., Robinson, S.M.C., Troell, M., Neori, A., Buschmann, A.H., & Fang, J. (2008). Multitrophische Integration für nachhaltige marine Aquakultur. In Sven Erik Jørgensen and Brian D. Fath (Editor- in-Chief), *Ecological Engineering*. Vol. [3] of *Encyclopedia of Ecology*, 5 vols. pp. 2463-2475. Oxford: Elsevier.

DOF. (2018). AnnualFisheriesStatistics . Retrievedfrom . https://www.dof.gov.my/dof2/resources/user_29/Documents/Perangkaan%20Perikanan/2018%20Jilid%201/Table_akua_2018_-new.pdf

Fang, J., Kuang, S., Sun, H., Li, F., Zhang, A., Wang, X., & Tang, T. (1996). Marikultureller Status und Optimierungsmaßnahmen für die Kultur der Jakobsmuschel *Chlamys farreri* und des

Seetangs *Laminaria japonica* in der Sanggou-Bucht. *Mar Fish Res*, 17, 95-102.

FAO. (2020). The State of World Fisheries and Aquaculture 2020. Nachhaltigkeit in Aktion. Rom. https://doi.org/10.4060/ca9229en

Garcia, J. (2012). Nachhaltige Alternative zur Diversifizierung der Kulturen und zum Schutz der Qualität der Meeresumwelt. In Integrated Multi-trophic Aquaculture (IMTA): Eine nachhaltige, zukunftsweisende Alternative für Meereskulturen in Galicien (Hrsg. Guerrero, S. und Cremades, J.), S. 9. Regionalregierung von Galicien (Spanien), Regionalrat für die ländliche und regionale maritime Umwelt, Meeresforschungszentrum, Spanien. https://hal.archives-ouvertes.fr/h

Handy, R.D., & Poxton, M.G. (1993). Stickstoffverschmutzung in der Marikultur: Toxizität und Ausscheidung von stickstoffhaltigen Verbindungen durch Meeresfische. *Rev. Fish. Biol. Fisheries*, 3, 205-241.

Hargrave, B.T., Duplisea, D.E., Pfeiffer, E., & Wildfish, D.J. (1993). Saisonale Veränderungen der benthischen Flüsse von gelöstem Sauerstoff und Ammonium in Verbindung mit marinem gezüchtetem Atlantischen Lachs. *Marine Ecology Progress Series*, 96, 249-257.

Largo, D.B., Diola, A.G., & Marababol, M.S. (2016). Development of an integrated multi-trophic aquaculture (IMTA) system for tropical marine species in Southern Cebu, Central Philippines. *AquacultureReports*, 3, 67-76.

Lefebrve S., Barille', L., & Clerc, M. (2000). Pazifische Auster (*Crassostrea gigas*): Fütterungsreaktionen auf das Abwasser einer Fischzucht. *Aquakultur*, 187, 185-198.

Lim, C. (2019, August 12). Fischzüchter erneut schwer getroffen, da 50.000 Fische in Teluk Bahang tot aufgefunden wurden. *The Star*. Abgerufen von https://www.thestar.com.my/news/nation/2019/08/ 12/fish-breeders-hit- badly-again-as-50-000-fishes-found-dead-in-teluk-bahang.

Lo, T.C. (2020, Juni 5). Rote Flut steuert auf Kedah zu. *The Star*. Abgerufen von https://www.thestar.com.my/news/nation/2020/06/05/killer-red-tide-heading-towards-kedah

Najiah, M., Lee, K.L., Hassan, M.D., Muhd-Azmi, M. L., & Shariff, M. (2002). Morphologische, biochemische und physiologische Eigenschaften von *Vibrio* parahemolyticus-Isolaten in erkrankten Fisch- und Garnelenteichen in Malaysia. *Jurnal Veterinar Malaysia*, 14(1&2), 25-30.

Najiah, M., Nadirah, M., Lee, K. L., Lee, S.W, Wendy, W., Ruhil, H.H., & Nurul, F.A. (2008). Bakterienflora und Schwermetalle in kultivierten Austern *Crassostrea iredalei* aus dem Setiu Feuchtgebiet, Ostküste Halbinsel Malaysia. *Veterinary Research Communication*, 32, 377-381.

Neori, A., Shpigel, M., Guttman, L., & Israel, A. (2017). Entwicklung von Polykulturen und integrierter multitrophischer Aquakultur (IMTA) in Israel: ein Überblick. *The Israeli Journal of Aquaculture-Bamidgeh*, 69:1- 19.

Phang, S.M., Yeong, H.Y., & Lim, P.E. (2019). Die Meeresalgen-Ressourcen von Malaysia. *Botanica Marina*, 62(3). https://doi.org/10.1515/bot-2018-0067

Poh, S. C., Ng, N.C.W., Suratman, S., Mathew, D., & Mohd Tahir, N. (2019). Nährstoffverfügbarkeit in der Setiu Wetland Lagoon, Malaysia: Trends, mögliche Ursachen und Umweltauswirkungen. *Environmental Monitoring and Assessment*, 191, 3. https://doi.org/10.1007/s10661-018-7128-y

Radiarta, N., & Erlania. (2016). Performance of mariculture commodities under Integrated Multi-Trophic Aquaculture (IMTA) system at Gerupuk Bay, Central Lombok, West Nusa Tenggara. *Jurnal Riset Akuakultur*, 11 (1), 85-97.

SEAFDEC. (2017). Southeast Asian State of Fisheries and Aquaculture. Southeast Asian Fisheries DevelopmentCenter , Bangkok, Thailand.
167 S.

http://repository.seafdec.org/bitstream/handle/20.500.12066/6204/6.5-Addressing-concerns-due-to- aquakultur-klima-wechsel.pdf?sequence=1&isAllowed=y

Shariff, M., & Gopinath, N. (2000). Cage culture in Malaysia: an overview [Paper presentation]. In *Cage Aquaculture in Asia*: Proceedings of the First International Symposium on Cage Aquaculture in Asia (S. 75-81). Asian Fisheries Society, Manila, und World Aquaculture Society - Southeast Asian Chapter, Bangkok.

Sukiman, Faturrahman, Rohyani I.S., & Ahyadi, H. (2014). Growth of seaweed *Eucheuma cottonii* in multi trophic sea farming systems at Gerupuk Bay, Central Lombok, Indonesia Nusantara. *Bioscience*, 6, 82-85.

Sumbing, M.V., Al-Azad, S., Estim, A., & Mustafa, S. (2016). Growth performance of spiny lobster *Panulirus ornatus* in land-based Integrated Multi-Trophic Aquaculture (IMTA) system. *Transactions on Science and Technology*, 3(1-2), 143-149.

Suratman, S., Awang, M., Loh, A.L., & Mohd Tahir, N. (2009). Water quality index study in Paka River basin, Terengganu (in Malay). *Sains Malaysiana*, 38, 125-131.

Die Fischseite. (2019). Vietnam fördert Seegurke IMTA. Abgerufen von https://thefishsite.com/articles/vietnam-promotes-sea-cucumber-imta

Troell, M., Halling, C., Neori, A., Chopin, T., Buschman, A.H., Kautsky, N., & Yarish, C. (2003). Intergrierte Marikultur: die richtigen Fragen stellen. *Aquakultur*, 226, 69-90.

United Nations, Department of Economic and Social Affairs, Population Division. (2019). World Population Prospects 2019: Highlights (ST/ESA/SER.A/423).

Antioxidative Eigenschaften von Nerita articulata aus der Estuarine Mangrove Kuantan, Pahang Malaysia

Deny Susanti1*, Mohd Faizol, A.[1,2]

[1 Abteilung] für Chemie, Kulliyyah of Science, International Islamic University Malaysia, 25200 Kuantan, Pahang, Malaysia.

[2 Abteilung] für Biotechnologie, Kulliyyah of Science, International Islamic University Malaysia, 25200 Kuantan, Pahang, Malaysia.

*Korrespondierender Autor: deny@iium.edu.my.

ABSTRACT

Mollusken gehören zu den wichtigsten Makroinvertebraten, die eine bedeutende ökologische Rolle bei der Nährstoffdynamik im Mangroven-Ökosystem spielen, da sie als Räuber, Pflanzenfresser, Detritivoren und Filtrierer ein wesentliches Glied im Nahrungsnetz bilden. Aufgrund ihrer Art der Filtrierung sind sie nützliche Bioindikatoren für Umweltverschmutzung. Basierend auf den oben genannten Zusammenhängen wurden die antioxidativen Eigenschaften der Molluskenart *Nerita articulata* in einem Mangrovenmündungsgebiet in Kuantan, Pahang an der Ostküste Malaysias untersucht. In der vorliegenden Studie wurden verschiedene antioxidative Tests durchgeführt, um die antioxidativen Aktivitäten von Wasser-, Methanol- und Dichlormethan: Methanol-Extrakten von *N. articulata* zu bewerten. Die Ergebnisse wurden mit Alpha-Tocopherol und Ascorbinsäure verglichen, die allgemein als antioxidative Verbindungen bekannt sind. Der Prozentsatz der Scavenging-Aktivitäten und die Lipidperoxidationshemmung für jeden der Extrakte wurden ebenfalls bestimmt. Es wurde festgestellt, dass die Extrakte in den verwendeten Testmodellen unterschiedlich starke antioxidative Eigenschaften aufwiesen. Alle Extrakte hatten die Lipidperoxidation stark gehemmt und auch geringe Radikalfängeraktivitäten gezeigt. Daher könnte diese Spezies als signifikante antioxidative Quelle in Bezug auf die Lipidperoxidation angesehen werden. Die Studie deutet darauf hin, dass diese Extrakte aus der Molluske *N. articulata* gute antioxidative Aktivitäten aufweisen, die als Leitstrukturen für potenzielle bioaktive Verbindungen genutzt werden können.

Schlüsselwörter: *Nerita articulate*, Antioxidative Aktivität, Freie Radikale, Scavenging-Aktivität, Lipidperoxidation.

EINLEITUNG

Marine oder natürliche aquatische Produkte haben in den letzten fünf Jahrzehnten die Aufmerksamkeit von Biologen und Chemikern in der ganzen Welt auf sich gezogen. Aufgrund des Potenzials für die Entdeckung neuer Medikamente haben natürliche aquatische Produkte Wissenschaftler angezogen, die zur Entdeckung von Tausenden von Produkten auf Wasserbasis bis heute geführt haben, und viele der Verbindungen haben vielversprechende biologische Aktivität gezeigt. Die biologischen Aktivitäten eines Extrakts aus marinen Organismen oder isolierten Verbindungen werden in Bezug auf antimikrobielle, antileischmanische, anthelmintische, antimalariatische, entzündungshemmende, antioxidative, krebshemmende und antiallergische Aktivität kategorisiert (Anand, 2010; Malve, 2016). Mollusken gelten als eine der wichtigsten Quellen zur Gewinnung bioaktiver Verbindungen, die antitumorale, antimikrobielle, entzündungshemmende und antioxidative Aktivitäten aufweisen (Sole et al., 1994; Bhakuni und Rawat, 2005; Benkendorff et al., 2010). Mollusken enthalten auch reichhaltige Nährstoffe, die für Menschen jeden Alters von Vorteil sind. In unserem Körper führt der Oxidationsprozess zu Zellschäden, Krebs und degenerativen Krankheiten; antioxidative Moleküle, die in verschiedenen Mollusken vorhanden sind, verhindern Zellschäden durch Oxidationsreaktionen (Nagash et al., 2010). Aus Mollusken isolierte Verbindungen wurden auch bei der Behandlung von rheumatoider Arthritis und Osteoarthritis eingesetzt (Chellaram und Edward, 2009). Mollusken-

Extrakte zeigten auch antivirale und antibakterielle Aktivität gegen pathogene Fischbakterien, und der Extrakt kann auch in der Aquakultur eingesetzt werden (Defer et al., 2009).

Mangroven gehören nachweislich zu den produktivsten Ökosystemen der Welt, die wichtige Kinderstuben und Futterplätze für Jungfische und potenzielle wirbellose Arten wie Mollusken bieten (Siraprapha et al., 2016). Mollusken sind eine der wichtigsten Makroinvertebraten, die eine bedeutende ökologische Rolle bei der Nährstoffdynamik im Mangroven-Ökosystem spielen, da sie ein wichtiges Bindeglied innerhalb des Nahrungsnetzes bilden.

Netz als Räuber, Pflanzenfresser, Detritivoren und Filtrierer. Sie sind nützliche Bio-Indikatoren der Umweltverschmutzung, aufgrund ihrer Methoden der Filtrationsnahrung. *N. articulata* ist am dominantesten und lebt weit verbreitet im Mangrovengebiet des Kuantan-Ästuars.

Basierend auf den oben genannten Perspektiven wurde diese Studie durchgeführt, um die antioxidativen Eigenschaften der ausgewählten dominanten Molluskenarten zu beobachten, die reichlich in der Nähe des Mangrovengebiets im Mündungsgebiet von Kuantan gefunden wurden. Ziel der Studie war es, die antioxidativen Aktivitäten der Rohextrakte *von Nerita* mit verschiedenen Techniken (freie Radikale oder Lipidperoxidation) zu bestimmen und die quantitativen Aspekte der antioxidativen Aktivitäten in ausgewählten Molluskenarten zu analysieren.

METHODIK
Probenahmebereich
Das Mangrovengebiet von Kuantan liegt in der Nähe des Mündungsgebiets des Kuantan-Flusses auf dem Breitengrad 3° 48' 20,63 °N und dem Breitengrad 103° 20' 3,36 °E. Es gehört zum Bezirk Kuantan und ist etwa 2 Kilometer von der Stadt Kuantan entfernt. Das Gebiet war von einem 339 Hektar großen Mangroven-Reservatwald umgeben, der schon seit über 500 Jahren besteht. Das Untersuchungsgebiet ist als Lebensraum für eine Vielzahl von Tieren wie Vögeln, Fischen und anderen potenziellen Wirbellosen wie Schnecken und Gliederfüßern bekannt.

Abb. 1: Probenahmegebiet: Mangroven-Ästuar Kuantan

Musterkollektion
Die frischen Proben von Nerita-Arten wurden aus dem Mangrovengebiet im Mündungsgebiet in Kuantan gesammelt. Die Proben wurden in einem Plastikbeutel aufbewahrt, bevor sie in einem Kühlraum gelagert wurden. Danach wurden der Körper und die Schale getrennt, und die Untersuchung der antioxidativen Eigenschaften konzentrierte sich auf den Körperteil von *Nerita* sp. Dann wurden die Proben bei -20 °C bis zur Extraktion gelagert (Houssen und Jaspars, 2005; Bhakuni und Rawat, 2005). Die

Arten wurden bis zur Gattungsebene identifiziert und auf die Taxonomie und Verbreitung der Neritidae (Mollusc: Gastropoda) in Singapur verwiesen, die von Siong und Reuben, 2008; Bouchet und Rocroi, 2005) diskutiert wurden.

Extraktion mit verschiedenen Lösungsmitteln
Die Proben wurden in Abhängigkeit von ihrer Polarität mit Wasser und organischen Lösungsmitteln extrahiert. Die Lösungsmittel sind Wasser, Dichlormethan (DCM): Methanol und Methanolextraktionen (Sies, 1997; Houssen und Jaspars, 2005; Bhakuni und Rawat, 2005). Die Details Extraktionsmethoden wurden mit verschiedenen Lösungsmitteln durchgeführt, die wie folgt beschrieben werden:

Wasserentnahme
Die Proben wurden in kleine Stücke geschnitten und die Einwaage der Proben wurde entsprechend notiert. Dann wurden die Proben (304,37 g) mit 500 mL destilliertem Wasser versetzt und mit einem Mixer gemahlen. Die Mischung wurde in einen Erlenmeyerkolben überführt und für 24 Stunden in einem kalten Raum (0 °C) gelagert. Später wurden die Proben mit Whatman-Filterpapier Nr. 1 filtriert und die Rückstände/ das Filtrat für die Extraktion mit organischen Lösungsmitteln aufgefangen. Der

wässrige Extrakt wurde im Gefrierschrank (-20 °C) eingefroren. Dann wurden die Proben gefriergetrocknet und der Rohextrakt für die wässrige Extraktion wurde gewonnen.

Dichlormethan: Methanolextraktion

Die Proben wurden gewogen (432,78 g) und dann mit 500 mL DCM: Methanol (1:1) getränkt, gemischt und 24 Stunden lang bei Raumtemperatur gelagert. Anschließend wurden die getränkten Proben filtriert und die Rückstände/Filtrate für die Methanolextraktion aufgefangen. Die Proben wurden im Abzug getrocknet, um das restliche Lösungsmittel für 1-3 Tage zu entfernen. Der Rohextrakt für die DCM:Methanolextraktion wurde gewonnen und im Gefrierschrank aufbewahrt.

Methanol-Extraktion

Die Proben wurden eingewogen (391,51 g) und mit 500 mL Methanol versetzt und anschließend gemischt. Danach wurde die Probe für 24 Stunden bei Raumtemperatur gelagert, filtriert und die Extrakte entsprechend eingedampft. Die Proben wurden für 1-3 Tage in einem Abzug getrocknet. Der Rohextrakt für die Methanolextraktion wurde gewonnen und im Gefrierschrank aufbewahrt.

Antioxidans-Screening
Schnelles Screening mittels Dot-Blot und DPPH-Färbung

Das Schnellscreening von Antioxidantien bezog sich auf die Methode Dot-Blot und DPPH-Färbung mit einer leichten Modifikation zum Nachweis antioxidativer Eigenschaften in getrockneten Proben aus der Tiefkühltruhe. Die Rohextrakte wurden mit Methanol in einer Konzentration von 10mg/ml gelöst. Die Extrakte und Vitamin C wurden vorsichtig auf die TLC-Schicht aufgetragen und 3 Minuten lang getrocknet. Dann wurde 0,4 mM DPPH-Lösung auf die TLC-Schicht gesprüht. Die gefärbte TLC-Schicht zeigte einen violetten Hintergrund mit einem weißen Fleck an der Stelle der Tropfen, der die Radikalfänger-Kapazität zeigte (Soler-Rivas et al., 2000; Subhapradha et al., 2013).

Quantitativer
Antioxidantien-Assay
Assay zum Abfangen freier
Radikale

Die DPPH-Radikalfängeraktivität der Extrakte aus den Proben *N. articulata* wurde nach dem Protokoll von Brand-William el al. (1995). Zitiert von in Scopus (1464)Die Radikalfängeraktivität der verschiedenen Extrakte wurde bewertet. Die Stammlösung jedes Extraktes, gelöst in Methanol, wurde mit einer Konzentration von 10 mg/mL hergestellt. Die serielle Verdünnung wurde dreifach in 500, 250, 125, 62,5, 31,3, 15,6, 7,8 µg/mL Konzentration aus der Stammlösung durchgeführt. Jeder Extrakt (100 µL) wurde mit 3,9 mL einer frisch hergestellten Lösung gemischt, die 25 mg/L 1,1-Diphenyl-2-picrylhydrazyl (DPPH)-Radikale in Methanol enthält. Die Absorption wurde 30 min später mit UV-Licht bei 515 nm gemessen. Der Prozentsatz der DPPH-Fängeraktivität wurde wie folgt berechnet:

Fängeraktivität (%) = [1-(Absorption der Probe/Absorption der Blindprobe)] x 100

Eine niedrigere Absorption zeigt eine höhere Fängerwirkung an. Der EC50-Wert (mg/mL) ist die effektive Konzentration, bei der DPPH-Radikale zu 50 % gefangen wurden. Vitamin C und E wurden als Positivkontrollen verwendet.

Eisen(III)-Thiocyanat (FTC)-Methode

Es wurde die FTC-Methode angewendet, wie sie von Huang et al. (2005) übernommen wurde. Diese Methode wurde in dieser Studie leicht modifiziert. 4 mg Rohextrakt wurde in 4 mL 95% (w/v) Ethanol gelöst und mit Linolsäure (2,51%, v/v) in 99,5% (w/w) Ethanol (4,1 mL), 8 mL 0,05M Phosphatpuffer pH 7,0 und 3,9-mL destilliertem Wasser gemischt. Die Mischung wurde in einem Behälter mit Schraubverschluss bei $^{40°C}$ im Dunkeln gelagert. 0,1 mL dieser Mischung wurden mit 9,7 mL 75%igem

Ethanol und 0,1 mL 30%igem (w/v) Ammoniumthiocyanat versetzt. Genau 3 Minuten nach der Zugabe von 0,1 mL 20 mM Eisenchlorid in 3,5% (v/v) Salzsäure zum Reaktionsgemisch wurde die Extinktion bei 500 nm der resultierenden roten Lösung gemessen. Dann wurde sie alle 24 Stunden der folgenden Tage erneut gemessen, wenn die Absorption der Kontrolle den Maximalwert erreichte. Die prozentuale Hemmung der Linolsäureperoxidation wurde berechnet als:

Inhibition (%) =100 - [(Extinktionsanstieg der Probe/Absorptionsanstieg der Kontrolle) x 100] Alle Tests wurden in dreifacher Ausführung durchgeführt und Vitamin E als Positivkontrolle verwendet.

Deskriptive Analyse

Alle Experimente wurden in dreifacher Ausführung durchgeführt. Die Ergebnisse wurden in Mittelwert ± Standardabweichung dargestellt. Diese Analyse war eine deskriptive Statistik. Die Daten und Diagramme wurden mit Microsoft® Office Excel 2007 und ANOVA analysiert.

ERGEBNISSE UND DISKUSSION

Probenidentifikation

Diese Schnecke im Nadelstreifenanzug wurde häufig in Mangroven gesehen, wo sie oft in großer Zahl vorkommt. Sie kann auch an felsigen Ufern, besonders in der Nähe von Mangroven, gesehen werden. Tan und Clements (2008) beobachteten diese Schnecke auf Mangrovenbaumstämmen und -wurzeln, Monsun-Kanalwänden, schlammigen Ufern und felsigen Bereichen in oder in der Nähe von Mangroven. Sie war auch als *N. lineata* bekannt. Die Größe dieser Art betrug 2-3 cm, zusammen mit einer Schale, die robust und abgerundet war. Die Farbe dieser Art war beige, grau oder rosafarben mit feinen, spiralförmigen schwarzen Rippen. Die flache Unterseite der Schale war weiß, manchmal mit gelben Flecken. An der Schalenöffnung befanden sich kleine Zähne. Das Operculum war gleichmäßig mit kleinen Höckern bedeckt. Das Tier hatte feine schwarze Linien und lange dünne schwarze Tentakel. Es weidete an Algen und schien nach einer Fütterung an dieselbe Stelle zurückzukehren. Nach Tan & Clements (2008) war die gezeichnete Nerite wahrscheinlich die am weitesten verbreitete Art. Diese Art war am häufigsten in Monsun-Kanälen, an Mauern und in Mangrovenbäumen zu finden, teilweise zu Hunderten an einem einzigen Ort. Die folgende Tabelle beschreibt das Bild und die Morphologie der Art. Die dominanteste Schnecke im Mangrovengebiet von Kuantan wurde morphologisch wie folgt identifiziert (Tabelle 1 und Abbildung 2):

Tabelle 1: Taxonomie von *N. articulata*

Stamm	Weichtiere
Klasse	Gastropoda
Ordnung	Neritopsina
Familie	Neritidae
Gattung	*Nerita*
Spezies	*Nerita articulata*
N. articulata	**Merkmale**

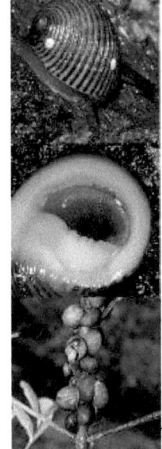

- Schale stabil und abgerundet
- Farbe: beige, grau oder rosafarben mit feinen, spiralförmigen schwarzen Rippen
- Größe: 2-3cm

- Flache Unterseite der Schale: weiß, manchmal mit gelben Flecken
- kleine Zähne an der Schalenöffnung

-Lebensraum   : häufig auf einer Mangrove anzutreffen; Baumstämme und Wurzeln   der Mangroven, Baumhöhlen, Wände von Monsun-Kanälen, schlammige Ufer, felsige Bereiche in oder in der Nähe von Mangroven

Abb. 2: Die Merkmale der *N. articulata*

Probenentnahme
Die Auswahl eines geeigneten Extraktionsverfahrens könnte die Ausbeute an antioxidativen Verbindungen im Verhältnis zum Pflanzenmaterial erhöhen. Es wurden mehrere Extraktionsverfahren patentiert, die Lösungsmittel mit unterschiedlicher Polarität (wie Benzin, Ether, Hexan, Toluol, Aceton, Methanol und Ethanol) sowie die verwendeten Testverfahren und Substrate verwenden (Mayer & Hamann, 2005). Die bioaktiven Verbindungen wurden entsprechend ihrer Polarität mit Wasser und organischen Lösungsmitteln extrahiert. Die angewandten Extraktionsmethoden waren die Wasserextraktion, die Dichlormethan (DCM): Methanolextraktion und die Methanolextraktion (Houssen & Jaspars, 2005; Tinu et al.,2019).

Tabelle 2: Gewicht der extrahierten Probe mit verschiedenen Lösungsmitteln

Methode	Gewicht des Molluskenkörpers vor der Extraktion (g)	Gewicht der Rohextraktion nach Trocknung (g)	Ausbeute (%)	Beobachtung von Auszügen
Wasserentnahme	304.73	12.69	4.16	Hellgraue Farbe, Pulverform
Methanol-Extraktion	391.51	9.70	2.48	Dunkelbraune Farbe, klebrige Form
Dichlormethan: Methanol Extraktion	432.78	2.03	0.47	Dunkelgrüne Farbe, klebrig Formular

Technisch gesehen, extrahierte das Lösungsmittel die biologische Verbindung aufgrund seiner Polarität. Daher wurde bei jeder Extraktion die unterschiedliche bioaktive Verbindung extrahiert. In Tabelle 2 ist das Gewicht des Rohextrakts für jedes Lösungsmittel angegeben. Die biologische Verbindung wurde am meisten durch die Verwendung von Wasser als Lösungsmittel extrahiert. Wasser war allgemein als das universelle Lösungsmittel bekannt. Basierend auf dem Ergebnis könnte es darauf hinweisen, dass die Molekülbestandteile der Spezies in dem polaren Lösungsmittel besser löslich waren. Eine Lösung, die mit Wasser extrahiert wurde, bedeutet jedoch nicht, dass sie die meisten antioxidativen Eigenschaften hat, da sie nur mit drei getrennten Methoden bestimmt wurde: Dot-Blot, Scavenging-Aktivitätsmethode und Eisen(III)-Thiocyanat (FTC).

Antioxidans-Screening
Schnelles Screening von Antioxidantien mittels Dot-Blot und DPPH-Färbung
Das schnelle Screening von Antioxidantien mit der Methode Dot-Blot und DPPH-Färbung wurde von Soler- Rivas et al. (2000) mit leichten Modifikationen beschrieben. Dot-Blot und DPPH-Färbung war die erste Methode, die in dieser Studie zum Screening antioxidativer Eigenschaften verwendet wurde. Verschiedene Arten der Lösungsmittelextraktion mit einer Konzentration von 10 mg/ml wurden auf die TLC-Platte gegeben und die antioxidativen Eigenschaften wurden nach DPPH-Färbung nachgewiesen. Das Auftreten von weißen Flecken zeigt das Vorhandensein von Antioxidantien verschiedener Extrakte von Proben im Dot-Blot an (Huang et al., 2005). Diese Methode basierte auf der Hemmung der Anhäufung von oxidierten Verbindungen, da die Zugabe von Antioxidantien die Bildung von freien Radikalen hemmte.

Vitamin C wurde als Kontrolle für dieses Experiment verwendet. Alle Extrakte zeigten ein positives Ergebnis, aber sie unterschieden sich leicht in ihrer Intensität. Die Intensität der weiß/gelben Farbe hing von der Menge und Art des im Extrakt vorhandenen Radikalfängers ab (Rahman et al., 2015). Ein weiß/gelber Fleck erschien in den Methanol- und DCM: Methanol-Extrakten, was darauf hinweist, dass diese Proben eine hohe Intensität der antioxidativen Verbindungen extrahierten. Die geringe Intensität der antioxidativen Verbindungen wurde jedoch durch die Verwendung von Wasser als Lösungsmittel extrahiert (Tabelle 3).

Quantitativer Test
Freie Radikale fangende Aktivität

58

Diese Methode ist derzeit populär und basiert auf der Verwendung des stabilen freien Radikals Diphenylpicrylhydrazyl (DPPH). Der Zweck dieser Studie war es, die Fängereffekte der Extrakte von *N. articulata* aus verschiedenen Lösungsmittelextraktionen zu bewerten, die Grundlagen der Methode zu kennen und auch die Verwendung des Parameters "EC50" (äquivalente Konzentration, um 50 % Wirkung zu erzielen) zu verstehen, der derzeit bei der Interpretation der experimentellen Daten der Methode verwendet wurde.

2,2-Diphenyl-1-picrylhydrazyl wurde als freies Radikal durch die Delokalisierung des freien Elektrons über das gesamte Molekül charakterisiert, so dass die Moleküle nicht dimerisierten, wie es bei den meisten anderen freien Radikalen der Fall wäre. Die Delokalisierung führte auch zu der tiefvioletten Farbe, die durch eine Absorptionsbande in Methanollösung gekennzeichnet ist, die bei etwa 515 nm zentriert ist (Molyneux, 2004). Wurde eine Lösung von DPPH mit der einer Substanz gemischt, die ein Wasserstoffatom spenden kann, so entstand die reduzierte Form mit dem Verlust dieser violetten Farbe. Diese Bedingung deutet darauf hin, dass das DPPH-Radikal von Antioxidantien durch die Spende von Wasserstoff gefangen wird und das reduzierte DPPH-H bildet.

Tabelle 3: Antioxidative Aktivitäten verschiedener Lösungsmittelextrakte aus *N. articulate*

Fängeraktivität (%) = [1-(Absorption der Probe/Absorption der Blindprobe)] x 100			
Konzentration(µL)	Wasser-Extrakt (±SD)	Methanol-Extrakt (±SD)	DCM/Methanol-Extrakt (±SD)
1000	4.4829 ± 0.013	6.5104 ± 0.044	7.6198 ± 0.085
500	4.2969 ± 0.008	4.9665 ± 0.017	5.2141 ± 0.028
250	3.7016 ± 0.005	4.9200 ± 0.007	3.0187 ± 0.008
125	4.3527 ± 0.005	5.0223 ± 0.024	2.4058 ± 0.024
62.5	4.1388 ± 0.01	6.9289 ± 0.038	8.9645 ± 0.044
31.3	4.5480 ± 0.008	5.6176 ± 0.021	6.1288 ± 0.055
15.6	4.3992 ± 0.01	8.2682 ± 0.059	5.4336 ± 0.044
7.8	9.0681 ± 0.063	7.4498 ± 0.036	4.2444 ± 0.022

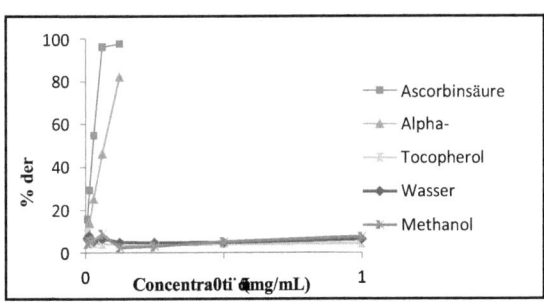

Abb. 3: Prozentsatz der Hemmung, der die IC50 für Ascorbinsäure, Alpha-Tocopherol, Wasserextrakt, Methanolextrakt und Dichlormethan-Methanolextrakt zeigt.

Tabelle 3 zeigte die antioxidativen Aktivitäten verschiedener Lösungsmittelextrakte aus *N. articulata*. Die Probenextrakte (10 mg), mit verschiedenen Lösungsmitteln, haben mit dem freien DPPH-Radikal reagiert. Alle Proben zeigten eine geringe antioxidative Aktivität (2,4058-9,0681%). Keine der Proben überschritt 10% der antioxidativen Fressaktivitäten, was darauf hinweist, dass die antioxidativen

59

Fressaktivitäten von $N.$ $articulata$ unzureichend waren. Außerdem kann die Konzentration für drei Proben nicht bestimmt werden, da der Graph in Abbildung 3 nicht auf 50% der Hemmung anstieg.

Nach Manduzio et al. (2005) über oxidativen Stress in Mollusken zeigte sich, dass der Spiegel von Malondialdehyd (MDA) nach 168-stündiger Anoxie von 4,48 ± 0,24 nmol/mg auf 7,58 ± 0,38 nmol/mg anstieg. In der Zelle der Verdauungsdrüse stieg der MDA-Spiegel um mehr als das Dreifache (von 2,7 ± 0,14 nmol/mg auf 8,48 ± 0,43 nmol/mg). Diese Statistik zeigte, dass das Niveau der Lipidperoxidation in $Nerita$ $articulate$ fast gleich hoch war.

Es wurden zahlreiche Methoden und Modifikationen vorgeschlagen, um die antioxidative Aktivität zu bewerten und zu erklären, wie Antioxidantien funktionieren. Von diesen werden der DPPH-Assay, das Reduktionsvermögen, die Metallionenchelatbildung und der Quenching-Assay für aktive Sauerstoffspezies am häufigsten für die Bewertung der antioxidativen Aktivitäten von Extrakten verwendet (Nadezhda, 2008). Das Absorptionsmaximum eines stabilen DPPH-Radikals in Methanol lag bei 517 nm. Die durch Antioxidantien verursachte Abnahme der Absorption des DPPH-Radikals schreitet aufgrund der Reaktion zwischen den Antioxidansmolekülen und dem Radikal voran, was zur Abfangung des Radikals durch Wasserstoffspende führt. Sie ist visuell als Verfärbung von violett nach gelb erkennbar.

Eisen(III)-Thiocyanat (FTC)-Assay
Der Eisen(III)-Thiocyanat (FTC)-Assay bestimmt die Menge an Peroxid, die während der anfänglichen Oxidationsstufen produziert wird, die die primären Produkte der Oxidation sind, und er repräsentiert den in $vivo$ Zustand. Im Vergleich zum DPPH-Assay handelte es sich bei den DPPH-Radikalen um synthetische Radikale oder In-vitro-Radikale, was bedeutet, dass sie im menschlichen Körper nicht existieren. Dieser Assay war signifikant, weil er repräsentierte, was im menschlichen Körper passiert. Die Rohextrakte, die antioxidativen Radikalfänger-Charakter zeigten, bedeuteten nicht, dass sie im menschlichen Körper richtig funktionieren würden. Es bestand die Möglichkeit, dass die Verbindungen nach dem Abfangen der Radikale pro-oxidativ wurden. Pro-oxidant war der Zustand, in dem das Antioxidans selbst zum freien Radikal wurde und die Kettenreaktion direkt weiterführte. Wenn das Rohprodukt in diesem FTC-Assay eine hohe Hemmschwelle aufwies, konnte die Verbindung als sicher für den Verzehr angesehen werden.

Das Reaktionsgemisch aus Linolsäure, Ethanol, Phosphatpuffer und Antioxidationsmittel (Probe und Standard) wurde bei 40 °C inkubiert und der Peroxidwert durch die Absorption bei 500 nm nach Reaktion zwischen FeCl3 und Thiocyanat gemessen. Bei diesem Test wurde die Linolsäure (RCOOH) durch Fe2+ zum freien Radikal (RO-) reduziert, während das Eisen-Ion selbst den Oxidationsprozess zu Fe3+ durchläuft. Anschließend reagiert das Fe3+ -Ion mit dem Thiocyanat-Ion (SCN)⁻ zu dem Komplex Fe(SCN)₃, der eine hellrote Farbe aufweist. Die Absorptionsintensität des Komplexes Fe(SCN)₃ wurde mit einem Spektrophotometer gemessen. Die niedrigen Absorptionswerte, die einem hohen Prozentsatz der Hemmung entsprechen, weisen darauf hin, dass die Probe die Lipidperoxidation hemmen konnte. Die niedrigen Absorptionswerte, die einem hohen Prozentsatz der Hemmung entsprechen, deuten daher darauf hin, dass die Probe die Lipidperoxidation hemmen könnte (Deny et al., 2006).

Die antioxidative Wirkung von Nerita-Spezies-Extrakt und Vitamin E auf die Peroxidation von Linolsäure wurde untersucht, und die Ergebnisse wurden in Tabelle 3 und Abbildung 4 dargestellt.

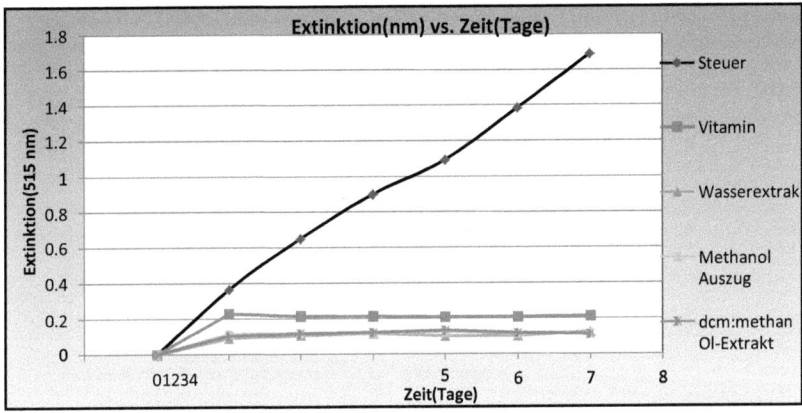

Abbildung 4: Absorption der Extrakte bei einer Konzentration von 4 mg/mL unter Verwendung der FTC-Methode.
Ergebnisse sind von Doppelmessungen

Die Extinktionsbereiche, die für die Probe, das Vitamin E und die Kontrolle aufgezeichnet wurden, betrugen 0,0629 ± 0,003 - 0,1269 ± 0,001, 0,000 - 2,113 bzw. 0,1692 ± 0,001 - 0,2084 ± 0,002. Aus der Grafik geht hervor, dass die Extinktion aller Proben mit der Zeit zugenommen hat. Der Test wurde gestoppt, nachdem die Verringerung der Absorption aufgetreten war. Die Kurve zeigte eine starke Hemmung der Lipidperoxidation durch die Extrakte der Nerita-Probe. Der Graph der Probe lag unter dem Graph des Vitamin E, was bedeutet, dass die Probe eine stärkere Hemmung als das Vitamin E. Darüber hinaus lag der prozentuale Anteil der Hemmung aller Rohextrakte nahe am Diagramm von Vitamin E, was bedeutet, dass die Proben einen starken Lipidperoxidationshemmer enthielten (Abbildung 4).

Jeder Extrakt zeigte eine starke antioxidative Aktivität bei der Hemmung der Linolsäure-Peroxidation bei einer Konzentration von 4 mg/ml, im Vergleich zur Kontrolle ($p < 0,05$), und verlängerte signifikant die Induktionszeit der Auto-Oxidation von Linolensäure. Aus den FTC-Ergebnissen ergab sich eine prozentuale Hemmung der Peroxidation im Linolsäuresystem durch 10 mg Wasser-, Methanol- und DCM:Methanolextrakte von 92,66 ± 0,02 %, 93,19 ± 0,003 % bzw. 93,4932 ± 0,007 % an den acht Tagen der Prüfung. Diese Werte waren signifikant ($p < 0,05$) höher als die von 1 mg α-Tocopherol (87,5 %). In einem ähnlichen Bericht von Xiu et al. (2019) wurde festgestellt, dass der Extrakt der Molluske *Tergillarca granosa* die Lipidperoxidation ebenfalls stark hemmt.

SCHLUSSFOLGERUNG
Basierend auf den Ergebnissen dieser Studie zeigte sich, dass *N. articulata* eine signifikante antioxidative Aktivität aufweist. Die Daten über die Extraktionsverfahren und die Bewertung der antioxidativen Aktivität, die aus DCM: Methanol-, Methanol- und Wasserextrakten gewonnen wurden, legen nahe, dass *N. articulata* eine vielversprechende Quelle für die Isolierung der natürlichen

antioxidativen Verbindungen ist. Es kann geschlussfolgert werden, dass alle Extrakte als zugängliche Quelle für natürliche Antioxidantien mit entsprechenden gesundheitlichen Vorteilen verwendet werden können. Dennoch wird vorgeschlagen, weitere Studien durchzuführen, um die medizinischen Eigenschaften der Schnecken zusammen mit anderen Bioaktivitäten wie entzündungshemmende, zytotoxische, krebshemmende, malariabekämpfende, analgetische, antiallergische und antihypertensive Aktivität zu gewährleisten.

REFERENZEN

Anand, P.T., Chellaram, C., Kumaran, R. und Shanthini, C. F. (2010). Biochemische Zusammensetzung und antioxidative Aktivität von *Pleuroploca trapezium Fleisch*. J. Chem. Pharm. Res., 2: 526-535.

Brand-Williams, W., Cuvelier, M. E., und Berset, C. (1995) Use of a free radical method to evaluate antioxidant activity. *LWT-Food* Science and Technology. 28(1): 25–30.

Benkendorff, K., C.M. McIver und C.A. Abbott (2011). Bioaktivität des homöopathischen Mittels Murex und von Extrakten aus einem australischen Murcid Molluks gegen menschliche Krebszellen. Evidence-Based Complementary and Alternative Medicine, Article ID 879585, 12 Seiten. https://doi.org/10.1093/ecam/nep042

Bhakuni, D. S. und Rawat, D. S. (2005). Bioactive Marine Natural Products. Springer, New York und Anamaya Publishers, New Delhi, Indien. p 26-63.

Bouchet, P. & J.-P. Rocroi (2005). Klassifikation und Nomenklatur der Schneckenfamilien. Malacologia 47: 1-397.

Chellaram, C. und Edward. J. K. P. (2009). Antinozizeptive Eigenschaften des korallenassoziierten Gastropoden, *Drupa margariticola*. Int. J. Pharmacol., 5: 236-239.

Defer, D., N. Bourgnon und Y. Fleury (2009). Screening auf antibakterielle und antivirale Aktivitäten in drei Muscheln und zwei Meeresschnecken. Aquakultur. 293: 1-7.

Deny Susanti, Hasnah M. Sirat, Farediah Ahmad, Rasadah Mat Ali, Norio Aimi, Mariko Kitajima (2007). Antioxidative und zytotoxische Flavonoide aus den Blüten von Melastoma malabathricum L. Food Chem. 107(3) 710-716

Houssen, W. E. und Jaspars, M. (2005). Natural Products Isolation, Second Edition, Methods in Biotechnology, Humana Press, 20, 353-390.

Huang, D. J., Chen, H. J., Lin, C. D. &Lin, Y. H. (2005). Antioxidative und antiproliferative Aktivitäten von Bestandteilen des Wasserspinats (Ipomoea aquatic Forsk). *Bot. Bull. Acad. Sin.* 46, 99-106.

Malve, H. (2016). Die Erforschung des Ozeans für neue Arzneimittelentwicklungen: marine Pharmakologie. J. Pharm. Bioallied Sci. 8(2): 83-91. Doi: 10.4103/0975-7406.171700

Molyneux, P. (2004). Die Verwendung des stabilen freien Radikals Diphenylpicrylhydrazyl (DPPH) zur Abschätzung der antioxidativen Aktivität. Songklanakarin. *J. Sci. Technol.* 26, 211-219.

Xiu, R. Y., Yi, . Q., Yu, Q. Z., Chang, F. C. und Wang, B. (2019). Reinigung und Charakterisierung eines antioxidativen Peptids aus dem Proteinhydrolysat der marinen Muschel Tergillarca granosa. Mars Drugs. 17(5), 251-266.

Nagash, Y.S., R.A Nazeer, und N.S. Sampath Kumar (2010). In vitro antioxidative Aktivität von Lösungsmittelextrakten von Mollusken (Loligo duvauceli und Donax strateus) aus Indien. World J. Fish. Mar. Sci., 2: 240-245. Rahman, M. M., Islam, M. B., Biswas, M. und Alam, A. H. M. K. (2015). In vitro antioxidative und freie Radikale fangende Aktivität verschiedener Teile von Tabebuia pallida, die in Bangladesch wachsen. BMC Res. Anmerkungen. 8: 621. DOI 10.1186/s13104-015-1618-6

Siraprapha, P., Soranan, W. und Pobporn, T. (2016). Molluscan Fauna in Bang Taboon Mangrove Estuary, Inner Gulf of Thailand: Implications for conservation and sustainable use of coastal resources: p. 1-5. MATEC Web of Conferences. CCBS 2016.

Sies H (1997). Oxidativer Stress: Oxidantien und Antioxidantien. *Exp Physiol* 82 (2): 291-295.

Siong Kiat Tan und Reuben Clements (2008) Taxonomy and distribution of the Neritidae (Mollusca:

Gastropoda) in Singapore. Zoological Studies 47(4): 481-494.

Soler-Rivas, C., Espin, J.C. und H.J. Wichers (2000). Ein einfacher und schneller Test zum Vergleich der Gesamt-Radikalfänger-Kapazität von Lebensmitteln. *Phytochem. Anal.* 11, 330-338.

Solé, M., Porte, C., Albaigés, J. (1994) Mixed function oxygenase system components and antioxidant enzymes in different marine bivalves: its relation with contaminant body burdens. Aquat Toxicol 30:271-283

Tan, S. K. und Clements, R. (2008) Taxonomy and distribution of the neritidae (Mollusca: Gastropoda) in Singapore.

Tinu, Odeleye, William Lindsey und White, Jun Lu (2019). Extraktionstechniken und potenzielle gesundheitliche Vorteile bioaktiver Verbindungen aus marinen Mollusken: ein Überblick. Journal of Food Function. 22:10(5):2278-2289.

Subhapradha, N., Ramasamy, P., Sudharsan, S., Seedevi, P., Moovendhan, M., Dharmadurai, D., Vasanth Kumar, S., Vairamani, S. und Shanmugam, A. (2013) Antioxidant potential of crude methanolic extract from whole body tissue of *Bursa spinosa*. Proceedings of the National conference-USSE- 2013, TBML College, Porayar-609307, Nagai-Dt, Tamil Nadu, South India. 163-167.

Schwermetallresistente Bakterien aus dem Meeressediment von Pantai Balok, Pahang, Malaysia

Munira Haniff1, Zaima Azira Zainal Abidin1*

1Abteilung *für Biotechnologie, Kulliyyah der Wissenschaft, Internationale Islamische Universität Malaysia*

Korrespondierender Autor: zzaima@iium.edu.my

ABSTRACT

Die Verschmutzung durch Schwermetalle, insbesondere in den Küstengewässern, ist zu einem Thema von großer internationaler Bedeutung geworden. Die Schwermetallverschmutzung beeinträchtigt nicht nur die Qualität des Wassers und des Bodens, sondern wirkt sich auch auf die Tiere und Pflanzen sowie die Mikroorganismen aus, die den Küstenbereich bewohnen. Ziel dieser Studie war die Isolierung von schwermetallresistenten Bakterien aus dem Meeressediment von Pantai Balok als Versuch, eine mögliche Schwermetallverschmutzung in diesem Gebiet zu bewerten sowie auf der Suche nach potenziellen Kandidaten für Bioremediationszwecke. Insgesamt wurden 33 Isolate gewonnen und einem Schwermetallresistenztest mit den folgenden Schwermetallen unterzogen: Chrom (Cr), Nickel (Ni), Kupfer (Cu), Kobalt (Co) und Cadmium (Cd). Die Ergebnisse zeigten, dass fast alle Isolate eine hohe Toleranz gegenüber Cr, Ni und Cu zeigten, aber eine geringe Toleranz gegenüber Cd. Das Schwermetall-Resistenzprofil in Verbindung mit Pantai Balok war in der folgenden Reihenfolge: Cr > Ni > Co > Cu > Cd. Fünf Isolate, nämlich PB1, PB9, PB17, PB18 und PB 33, wiesen ein starkes Schwermetall-Resistenzmuster auf und ihre Identitäten wurden mittels 16S rRNA-Gen-Sequenzierung bestimmt. PB1 war eng verwandt mit *Stenotrophomonas maltophilia* (99 %), während PB9 mit *Staphylococcus pasteuri* (98 %) verwandt war. Die Isolate PB17 und PB18 waren *Bacillus pumilus* (99%) bzw. *Bacillus sp.* (99%) sehr ähnlich, während PB33 *Pseudomonas aeruginosa* (99%) ist. Das Vorhandensein von schwermetallresistenten Bakterien kann auf das Auftreten von Schwermetallverschmutzung im Küstenwasser von Pahang hinweisen und ein potenzielles Gesundheitsrisiko für die Bevölkerung darstellen.

Stichworte: Schwermetallresistenz, Bakterien, marines Sediment, 16S rRNA-Gen

EINLEITUNG

Die zunehmende Verstädterung hat dazu geführt, dass die Küstengebiete in einen ungesunden Zustand geraten sind, in dem zahlreiche Chemikalien wie Schwermetalle und Pestizide verwendet und in die Küstengebiete eingeleitet wurden. Schwermetalle sind eine der Hauptquellen der Umweltverschmutzung, da sie durch eine große Anzahl von industriellen Aktivitäten wie Metallverarbeitung, Bergbau und andere in die Umwelt gelangen (Yang et al. 2018; Yamina et al. 2012). Schwermetall ist jedes Metall oder Metalloid von ökologischem Interesse, das auch toxische chemische Elemente und ihre abweichenden chemischen Verbindungen enthält. Es hat Dichtekriterien, die von über 3,5 g/cm3 bis über 7 g/cm3 reichen (Nies 1999). Dennoch ist es unbestritten, dass einige dieser Schwermetalle lebensnotwendig sind, wie z. B. Kupfer, Eisen und Zink. Andere Schwermetalle wie Arsen, Kadmium, Quecksilber und Silber haben jedoch keine biologische Funktion in Organismen und sind schon bei sehr geringen Konzentrationen schädlich (Alam et al. 2011). In einer aquatischen Umgebung neigen Schwermetalle dazu, sich im Sediment anzusammeln. Da Schwermetalle schnell in die Umwelt eingetragen werden, verbinden sie sich mit Partikeln und setzen sich schließlich am Boden der Sedimente ab (Chapman et al. 1998). Darüber hinaus wird die Schwermetallverschmutzung in der Meeresumwelt aufgrund ihrer Fähigkeit, sich in der Nahrungskette anzusammeln, zu einem Problem. Darüber hinaus haben viele menschliche Aktivitäten zu einer Anreicherung von Metallen in der Umwelt geführt, die sich schließlich über die Nahrungskette anreichern und zu ernsthaften gesundheitlichen und ökologischen Problemen führen (Mohammadi et al. 2019; Vareda et al. 2019; Hou et al. 2018; Deng und Wang 2012).

Mikroorganismen reagieren sehr empfindlich auf niedrige Konzentrationen von Schwermetallen, können jedoch aufgrund bestimmter spezifischer Lebensraumbedingungen schnell versuchen, sich diesen Veränderungen anzupassen und gegen hohe Schwermetallgehalte resistent zu werden (Nithya und Pandian, 2009). Mikroorganismen reagieren auf Schwermetalle durch verschiedene Vorgänge, einschließlich des Transports durch die Zellmembran, der Biosorption an den Zellwänden und des Einschlusses in extrazellulären

Kapseln, Fällung, Komplexierung, Oxidations-Reduktionsreaktionen, Produktion von extrazellulären Kulturen, intrazelluläre Sequestrierung, Metall-Efflux-Pumpen und Biomineralisation (Álvarez et al. 2013; Schütze und Kothe 2012). Die Fähigkeit von Mikroorganismen, in einem metallkontaminierten Habitat zu überleben und sich zu vermehren, hängt von der Anpassung genetischer oder physiologischer Art ab, da die Schwermetallresistenz von Bakterien häufig durch Gene oder Plasmide und Transposons kodiert wird und diese regelmäßig intergenerisch und interspezifisch von der in situ Mikroflora auf die einheimische Mikroflora übertragen werden können (Malik und Aleem 2011). Beispiele für Schwermetallresistenzgene (MRGs) sind Kupferresistenzgene (*copA, copB, pcoA, pcoC* und *pcoD*), Arsenresistenzgene (*arsB* und *arsC*), Nickel-, Blei- und Chromresistenzgene *(nccA, pbrT* bzw. *chrB*) (Chen et al. 2019).

Pantai Balok ist ein berühmter Strand, der sich am Südchinesischen Meer befindet und neben Teluk Chempedak und Pantai Batu Hitam als eine der Attraktionen für Touristen in Pahang gilt. Es wird jedoch hervorgehoben, dass der Küstenbereich durch die Verklappung von Abfällen verschmutzt wurde und schlecht überwacht wird. Anthropogene Aktivitäten wie Landnutzung für die Entwicklung in der Küstenzone, unbehandelte häusliche und industrielle Abwässer, Ölunfälle oder illegale Einleitungen von Ölabwässern können zur Meeresverschmutzung an der Küste des Staates Pahang beitragen. Der Status von schwermetallresistenten Bakterien im Sediment von Pantai Balok ist relativ unbekannt, da keine Studie in diesem Gebiet durchgeführt wurde. Daher bietet diese Studie einen Einblick in die schwermetallresistenten Bakterien, die im Meeressediment von Pantai Balok vorkommen. Darüber hinaus kann die Identifizierung von schwermetallresistenten Bakterien als biologischer Indikator für Schwermetallverunreinigungen und als Kandidat für eine zukünftige Anwendung der Bioremediation genutzt werden.

MATERIALIEN UND METHODEN
Entnahme von Sedimentproben
Marine Sedimentproben wurden mit einem Ponar-Greifer aus dem Strandbereich von Balok an drei verschiedenen Stationen gesammelt, nämlich Station 1, Station 2 und Station 3. Tabelle 1 beschreibt die Koordinaten, die Tiefe und den pH-Wert des Probenahmebereichs. Jede der Stationen lag 30 m voneinander entfernt. Alle gesammelten Sedimentproben wurden in einen sterilisierten Polyethylen-Plastikbeutel überführt und sofort verarbeitet.

Tabelle 2.1: Probenahmestation und Koordinaten des Gebiets Pantai Balok

Standort	Koordinaten	Tiefe	pH
Station 1	N 03 '55.768 E 103' 23.395	4.2 m	6.9
Station 2	N 03'56.115 E 103'23.536	3.4 m	6.0
Station 3	N 03'56.397 E 103'23. 660	3.4 m	6.6

Isolierung von Bakterien aus marinen Sedimentproben
Bakterien aus Sedimentproben wurden mit der Spreizplattentechnik isoliert (Zainal Abidin et al. 2018). Ein Gramm der Sedimentprobe wurde mit 10 ml Kochsalzlösung gemischt. Dann wurden die

homogenisierten Proben seriell verdünnt (10-2 bis 10-5) und 100 μl jeder Verdünnung wurden in doppelter Ausführung auf den Nährstoffagar plattiert. Die ausplattierten Proben wurden dann für 48 Stunden bei 37°C bebrütet. Nach der Inkubation wurden die jeweiligen Kolonien auf Nährboden gereinigt. Bei allen Isolaten wurde eine Gram-Färbung durchgeführt und die morphologischen Merkmale wurden aufgezeichnet.

Prüfung der Schwermetallbeständigkeit
Die Schwermetallresistenz der erhaltenen Bakterienstämme wurde mit Mueller-Hinton-Agar bestimmt, der mit verschiedenen Konzentrationen von fünf verschiedenen Schwermetallen ($Cd2+$, $Cu2+$, $Cd2+$, $Co2+$, $Ni2+$) in Form von Chloridsalzen versetzt wurde. Die Anfangskonzentration des Schwermetalls lag bei μg/ml und die Konzentration der Schwermetalle wurde schrittweise auf 10 μg/ml erhöht, bis die Isolate nicht mehr wuchsen. Die minimale Hemmkonzentration (MHK) wurde festgestellt, wenn die Isolate auch nach maximal 5 Tagen Inkubation nicht auf den Platten wuchsen. Der Test wurde in doppelter Ausführung durchgeführt.

Polymerase-Kettenreaktion (PCR) Amplifikation 16S rRNA-Gen
Isolate, die eine Schwermetallresistenz aufweisen, wurden einer molekularen Identifizierung mittels 16S rRNA-Gensequenz unterzogen. Die genomische DNA der Isolate wurde mit dem GF-1 bacterial DNA Extraction Kit (Vivantis) gemäß den Herstellerprotokollen extrahiert. Die PCR-Amplifikation des 16S rRNA-Gens wurde mit dem folgenden Primer-Set durchgeführt: 27F 5'- AGAGTTTGATCCTGGCTCTCAG-3' und 1492R 5'- GGTTACCTTGTTACGACTT-3'. Die PCR-Reaktionen wurden in einem Endvolumen von 50 μl durchgeführt, bestehend aus 200 ng DNA-Template, 25 μl MyTaq™ Mix 2X (Bioline, UK) und 0,4 μM Primer unter folgenden Bedingungen: initiale Denaturierung bei 94°C für 5 min, gefolgt von 30 Zyklen von 94°C für 30 s, 55°C für 60 s und 72°C für 4 min; und Verlängerungsschritt bei 72°C für 10 min. Die Amplifikationsprodukte wurden mit einem 1%igen Agarosegel bestätigt und an [1st] Base Laboratory, Malaysia, zur Reinigung und Sequenzierung geschickt. Die resultierenden 16S rRNA-Gen-Sequenzen wurden manuell verifiziert und mit dem BioEdit-Sequenz-Alignment-Editor bearbeitet. Die Analyse der partiellen Nukleotidsequenzen der Isolate wurde mit dem GenBank BLASTn-Suchwerkzeug durchgeführt.

ERGEBNISSE UND DISKUSSION
Insgesamt wurden 33 Isolate von 3 Probenahmestellen gewonnen und die Mehrheit (~75 %) der Isolate gehörte zu gramnegativen Bakterien (Tabelle 2). Die meisten Bakterienkolonien waren weiß und cremefarben, einige wenige Isolate wiesen andere Farben wie Pfirsich, Gelb und Orange auf. Die Koloniemorphologie und Gram-Färbung von repräsentativen Isolaten von jeder Probenahmestelle sind in den Abbildungen 1-3 dargestellt.

Tabelle 2.2: Verteilung der grampositiven und gramnegativen Bakterien nach den Probenahmestellen

Standort	Grampositive Bakterien	Gram-negative Bakterien
Punkt 1	10	3
Punkt 2	9	3
Punkt 3	6	2
Gesamt	**25**	**8**

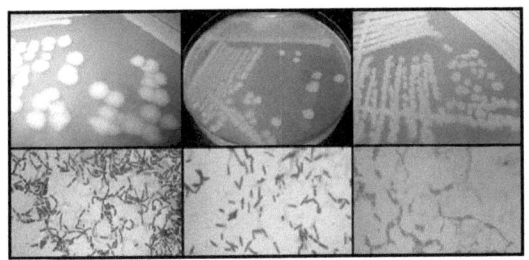

Abb. 1: Repräsentative Isolate von Punkt 1

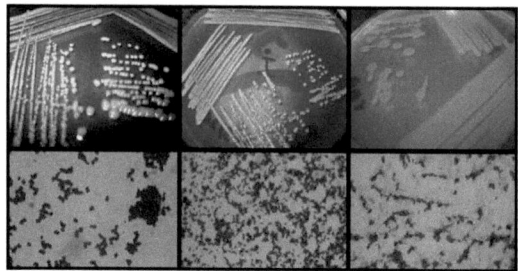

Abb. 2: Repräsentative Isolate von Punkt 2

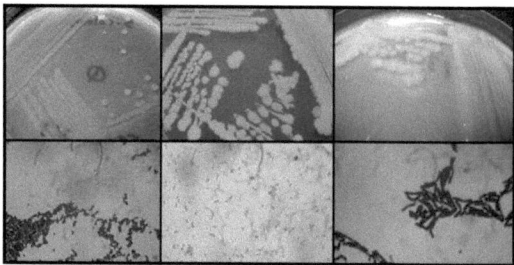

Abb. 3 Repräsentative Isolate von Punkt 3

In dieser Studie wurde bei allen Isolaten eine MHK > 450 µg/ml für Cr festgestellt, was darauf hinweist, dass diese Bakterien eine starke Toleranz gegenüber Cr besitzen (Tabelle 3). Einige Studien zeigten, dass einige der isolierten Bakterien möglicherweise eine Konzentration von Cr bis zu 1.000 µg/ml tolerieren (Sair und Khan 2017; Yamina et al. 2012). Wie bei Ni zeigten fast alle Isolate eine MHK > 450 µg/ml, mit Ausnahme von PB5 und PB24, wobei die MHK für beide Isolate 450 µg/ml betrug. Zwei Drittel der Isolate zeigten eine MIC > 450 µg/ml für Co, während die MICs für die restlichen Isolate im Bereich von 200 - 400 µg/ml lagen. Die Mehrheit der Isolate (72,7 %) wies eine MIC > 450 µg/ml für Cu auf, während die restlichen im Bereich von 100 - 400 µg/ml lagen. Schwermetallresistente Bakterien werden als biologische Indikatoren für die Schwermetallkontamination eines bestimmten Standortes angesehen. Außerdem tragen solche Bakterien potenziell zum biogeochemischen Kreislauf von Schwermetallen in der Umwelt bei. Die hohe Toleranz der meisten Bakterienisolate gegenüber Cr, Ni, Cu und Co kann auf eine mögliche Kontamination durch diese Schwermetalle in Pantai Balok hindeuten. Die Tatsache, dass das Industriegebiet Gebeng nur wenige Kilometer von Pantai Balok entfernt ist, könnte ebenfalls zu dieser Beobachtung beitragen. Die ungewöhnliche Resistenz gegen Cr könnte mit der Kontamination durch Cr in diesem speziellen Gebiet zusammenhängen. Cr wird weithin in der Industrie zum Beschichten, Legieren, Gerben von Tierhäuten, Färben von Textilien und Beizen verwendet und diese Aktivitäten führten folglich zu einer erhöhten Umweltkontamination von Cr (Oliveira 2012).Das Vorhandensein von Ni im Meeressediment von Pantai Balok kann mit industriellen Abwässern, der Ausbringung von Düngemitteln, Abwasserbewässerung und Klärschlamm in Verbindung gebracht werden. Eine hohe Ni-Konzentration führt zu einer hohen Anzahl von nickelresistenten Stämmen in der bakteriellen Gemeinschaft, die das Meeressediment bewohnt (Mengoni et al. 2001). Die Co-Belastung kann auf die Emission von Kobaltverbindungen während der Verbrennung von Steinkohle und der Erdöl-, Petrochemie-, Metall- und Keramikindustrie zurückgeführt werden, was zu einer erheblichen Co-Anreicherung im Meeressediment führt (Kosiorek und Wyszkowski 2019). Cu-Kontaminationen traten in der Regel aufgrund der Anwendung von landwirtschaftlichem Input auf, da

dass Cu ein essentieller Mikronährstoff ist, der für das Wachstum von Pflanzen wichtig ist, insbesondere für die Krankheitsresistenz und die Produktion von Samen (Wuana und Okiemen 2011). Die Ergebnisse dieser Studie weisen auch auf die Fähigkeit dieser Bakterien hin, gegen mehrere Schwermetalle resistent zu sein. Bakterien, die gegen ein bestimmtes Schwermetall resistent sind, können auch eine Resistenz gegen andere Schwermetalle erwerben. Zuvor zeigten Cr(VI)-resistente Bakterien aus den hoch Cr-kontaminierten Standorten auch Resistenz gegen Cr(III), Ni, Zn, Cu, Cd und Hg (Alam et al., 2011; Verma et al., 2001). In ähnlicher Weise ergab eine Untersuchung der Häufigkeit von Metallresistenzgenen (MRGs) in einem Kupferabfalldammgebiet das Vorhandensein von mehreren schweren MRGs, die von *czcA*, *czcC* und *czcD* kodiert werden (Chen et al. 2019). Es gibt zwei verschiedene Mechanismen der Ko-Selektionsregulation für die multiple Schwermetallresistenz, die Ko-Resistenz, bei der genetisch verknüpfte unterschiedliche Resistenzfaktoren gleichzeitig übertragen werden, und die Kreuzresistenz, bei der derselbe Faktor für die Resistenz gegen mehr als eine strukturell unähnliche Verbindung verantwortlich ist (Baker-Austin et al., 2006).

Obwohl fast alle Isolate eine hohe Toleranz gegenüber Cr, Ni, Co und Cu zeigten, wiesen diese Isolate jedoch eine geringe Toleranz gegenüber Cd auf. Die höchsten MHKs für Cd wurden mit 300 µg/ml und 280 µg/ml von den Isolaten PB17 und PB33 gemessen. Die niedrigste MHK lag bei 70 µg/ml bei drei Isolaten (PB7, PB8, P23), während die MHKs der übrigen Isolate im Bereich von 100 - 140 µg/ml lagen. Eine ähnliche Beobachtung wurde auch von Zainal Abidin und Chowdhury (2018) in Teluk Chempedak und Pantai Batu Hitam, die beide an der Küste von Pahang liegen, berichtet. Cd wird in vielen Industrien wie Farben, Galvanik und Kupferlegierungen, Zellstoff und Papier, Alkalibatterien sowie Bergbau, Düngemittel und Zinkraffination eingesetzt (USEPA 2000). Da alle Isolate eine geringe Toleranz gegenüber Cd aufwiesen, könnte diese Beobachtung darauf hindeuten, dass Pantai Balok nicht mit Cd verschmutzt ist. Das Resistenzmuster, das mit Pantai Balok, Pahang, assoziiert wurde, war in Form von Cr > Ni > Co > Cu > Cd.

Tabelle 3: MIC des Schwermetalls in µg/ml

Isolieren Sie	Chrom (µg/ml)	Kobalt (µg/ml)	Kupfer (µg/ml)	Cadmium (µg/ml)	Nickel (µg/ml)
PB1	>450	>450	>450	140	>450
PB2	>450	250	400	120	>450
PB3	>450	250	>450	120	>450
PB4	>450	400	>450	140	>450
PB5	>450	300	>450	130	450
PB6	>450	>450	250	100	>450
PB7	>450	>450	>450	70	>450
PB8	>450	>450	>450	70	>450
PB9	>450	>450	>450	140	>450
PB10	>450	250	>450	100	>450
PB11	>450	250	>450	120	>450
PB12	>450	450	>450	120	>450
PB13	>450	400	>450	100	>450
PB14	>450	>450	100	100	>450
PB15	>450	>450	>450	100	>450
PB16	>450	>450	>450	120	>450
PB17	>450	>450	>450	300	>450
PB18	>450	>450	>450	140	>450
PB19	>450	>450	>450	100	>450
PB20	>450	>450	>450	100	>450
PB21	>450	>450	>450	120	>450
PB22	>450	400	>450	140	>450
PB23	>450	200	150	70	>450
PB24	>450	200	150	100	450
PB25	>450	>450	250	100	>450
PB26	>450	>450	200	100	>450
PB27	>450	>450	>450	100	>450
PB28	>450	>450	>450	100	>450
PB29	>450	>450	300	100	>450
PB30	>450	>450	>450	100	>450
PB31	>450	>450	250	100	>450
PB32	>450	>450	>450	100	>450
PB33	>450	>450	>450	280	>450

Tabelle 4: Identitäten der Isolate, die eine hohe Resistenz gegen Schwermetalle aufweisen

Isolieren Sie	MIC des Schwermetalls in µg/ml					Engster Verwandter	Ähnlichkeit (%)
	Cr2+	Co2+	Cu2+	Cd2+	Ni2+		
PB1	>450	>450	>450	140	>450	*1Stenotrophomonas maltophilia* Stamm SJTH1	99%
PB9	>450	>450	>450	140	>450	*Staphylococcus pasteuri* Stamm AE4-2	98%
PB17	>450	>450	>450	300	>450	*Bacillus pumilus* Stamm NCTC10337	99%
PB18	>450	>450	>450	140	>450	*Bacillus* sp. Stamm C81	99%

PB33	>450	>450	>450	280	>450	*Pseudomonas aeruginosa* Stamm C-1	99%

Die molekulare Identifizierung durch PCR-Amplifikation des 16S rRNA-Gens wurde bei 5 Isolaten durchgeführt - PB1, PB9, PB17, PB18 und PB33, die alle starke Schwermetallresistenzprofile aufwiesen. Alle 5 Isolate zeigten hohe Werte (>450 µg/ml) für Cr, Ni, Co und Cu und 3 Isolate (PB1, PB9 und PB18) zeigten eine recht niedrige MIC für Cd (140 µg/ml), während PB33 und PB17 MIC-Werte für Cd von 300 µg/ml bzw. 280 µg/ml aufwiesen. Die PCR-Amplifikation des 16S rRNA-Gens (~1.500 bp) für diese Isolate wurde erfolgreich durchgeführt und die Teilsequenzen des 16S rRNA-Gens wurden mit der NCBI-Datenbank verglichen (Tabelle 4). Die Teilsequenz des 16S rRNA-Gens zeigte, dass PB1 mit 99 % Ähnlichkeit eng mit *Stenotrophomonas maltophilia* verwandt ist, während PB9 eine hohe Ähnlichkeit mit *Staphylococcus pasteuri* aufweist (Tabelle 4). *Stenotrophomonas maltophilia* ist ein gramnegatives Bakterium und *S.* maltophilia-Stämme sind in der Umwelt, einschließlich der Küstengewässer, ubiquitär verbreitet. *S. maltophilia* kann nosokomiale Infektionen bei immungeschwächten Patienten verursachen und ist von Natur aus resistent gegen viele Breitspektrum-Antibiotika wie Cephalosporine, Carbapeneme und Aminoglykoside. In mehreren Studien wurde über das Auftreten von schwermetallresistenten *S. maltophilia* berichtet (Baldiris et al. 2018; Raman et al. 2018; Pages et al. 2008), was auf die Schwermetallresistenz dieses Bakteriums neben der Antibiotikaresistenz hinweist. Es wurde festgestellt, dass die Isolate PB17 und PB18 zur Gattung *Bacillus* gehören, wobei PB17 eng mit *B. pumilus* verwandt ist, während das Isolat PB33 aufgrund der Teilsequenz des 16S rRNA-Gens als *Pseudomonas aeruginosa* identifiziert wurde. Dieser Befund steht im Einklang mit anderen Befunden (Zainal Abidin et al. 2020; Dweba et al. 2019; Pereira und Ramaiah 2019; Verma et al. 2017; Fierros-Romero et al. 2016), die zeigten, dass *Bacillus* sp.-, *Pseudomonas* sp.- und *Staphylococcus* sp.-Stämme die Fähigkeit zur Multimetallresistenz besitzen. *Bacillus* sp. ist ein Gram-positives, stäbchenförmiges Bakterium und kann aus verschiedenen Umgebungen, einschließlich Mensch und Tier, isoliert werden. Jayanthi et al. (2016) berichteten über das Vorkommen von *B. pumilus*, das absolut resistent gegen eine Reihe von Schwermetallen (Pb, Hg, Cd, Cr. Mn, Zn, Al, Fe) ist. *P. aeruginosa* ist ein gramnegatives Bakterium, das sowohl in der Umwelt als auch in verschiedenen lebenden Wirtsorganismen weit verbreitet ist. Außerdem ist dieses Bakterium die häufigste Ursache für opportunistische Infektionen beim Menschen. *P. aeruginosa* zeigt häufig eine Resistenz gegen mehrere Antibiotika und dieses Bakterium ist auch dafür bekannt, dass es eine Schwermetallresistenz besitzt. So wurde beispielsweise bei *P. aeruginosa* ASU 6a, das aus einem stark metallverschmutzten Lebensraum isoliert wurde, eine hohe Toleranz gegenüber Pb2+, Cd2+, Cr6+ und Ni2+ sowie eine Resistenz gegen mehrere Antibiotika festgestellt (Hassan et al. 2008). *S. aureus* ist einer der wichtigsten Krankheitserreger von Mensch und Tier. MRSA (Methicillin-resistenter *S. aureus*) ist ein berüchtigter Erreger, eine häufige Ursache bei Krankenhausinfektionen und ist gegen mehrere Antibiotika resistent. Die von Dweba et al. (2019) durchgeführten Untersuchungen ergaben, dass *S.* aureus-Isolate gegen hohe Konzentrationen von Cd, Zn, Pb und Cu resistent sind. Alle 5 Isolate haben das Potenzial, in der biotechnologischen Anwendung genutzt zu werden, und es sind weitere Untersuchungen erforderlich, um ihre Fähigkeiten als biologische Testwerkzeuge in schwermetallbelasteten Standorten und in der Anwendung bei der Bioremediation von schwermetallbelasteten Gebieten voll auszuschöpfen.

SCHLUSSFOLGERUNG

Das Vorhandensein von Bakterien mit hoher Toleranz gegenüber Cr, Ni, Co und Cu im Meeressediment von Pantai Balok kann auf eine Schwermetallkontamination an diesem Standort hindeuten. Diese Befunde veranschaulichen die Auswirkungen menschlicher Aktivitäten auf die Meeresumwelt, die ein Risiko für die öffentliche Gesundheit darstellen und eine Bedrohung für das marine Ökosystem bedeuten können. Die relevanten Parteien, einschließlich der lokalen Gemeinden, müssen möglicherweise eine Überwachung und Durchsetzung an der Küste von Pahang durchsetzen, um die Auswirkungen anthropogener Aktivitäten auf die marinen Ökosysteme zu reduzieren. Zusätzlich haben fünf Isolate (PB1, PB9, PB17, PB18 und PB33), die alle eine starke Schwermetallresistenz aufweisen, das Potenzial, in der Biotechnologie eingesetzt zu werden, insbesondere bei der Bioremediation von schwermetallbelasteten Standorten.

REFERENZEN

Alam M.Z., Ahmad S., Malik, A. (2011). Prevalence of heavy metal resistance in bacteria isolated from tannery effluents and affected soil, *Environ. Monit. Assess.,* 178: 281-291.

Álvarez, A., Catalano, S.A., Amorosono, M.J. (2013). Schwermetall-resistente Stämme sind weit verbreitet entlang *Streptomyces* Phylogenie. *Molecular Phylogenetics and Evolution,* 66:1083-1088.

Baker-Austin, C., Wright, M. S. , Stepanauskas, R. , J.V.McArthur, J.V. (2006). Ko-Selektion von Antibiotika- und Metallresistenz. *Trends in Microbiology, 14(4):* 176-182.

Baldiris, R., Acosta-Tapia, N., Montes, A., Hernández, J., Vivas-Reyes, R. (2018). Reduktion von hexavalentem Chrom und Nachweis von Chromat-Reduktase (ChrR) in *Stenotrophomonas maltophilia. Molecules,* 23:408. doi:10.3390/molecules23020406

Chapman, P.M. Wang, F. Janssen, C. Persoone G., Allen, H.E. (1998). Ökotoxikologie von Metallen in aquatischen Sedimenten Bindung und Freisetzung, Bioverfügbarkeit, Risikobewertung und Sanierung. *Can. J. Fish. Aquat Sci.,* 55: 2221-2243.

Chen, J., Li, J., Zhang, H., Shi, W., Liu, Y. (2019). Bacterial Heavy-Metal and Antibiotic Resistance Genes in a Copper Tailing Dam Area in Northern China. *Front. Microbiol.* 10:1916. doi: 10.3389/fmicb.2019.01916

Deng, X., Wang, P. (2012). Isolierung von marinen Bakterien mit hoher Resistenz gegen Quecksilber und deren Bioakkumulationsprozess. *Bioresource Technology,* 121: 342-347.

Dweba, C.C., Zishiri, O.T., El Zowalaty, M.E. 8 (2019) Isolation and molecular identification of virulence, antimicrobial and heavy metal resistance genes in Livestock-associated methicillin resistant *Staphylococcus aureus, Pathogens,* 1-21.

Fierros-Romero, G., Gómez-Ramírez, M., Arenas-Isaac, G.E., Pless, R.C., Rojas-Avelizapa, N.G. (2016). Identification of *Bacillus megaterium* and *Microbacterium liquefaciens* genes involved in metal resistance and metal removal, *Can. J. Microbiol.,* 62: 505-513.

Hassan, S., H. A., Abskharon R. N. N., Gad El-Rab, S. M. F., Shoreit A. A. M. (2008). Isolation, Charakterisierung eines schwermetallresistenten Stammes von Pseudomonas aeruginosa, isoliert von verschmutzten Standorten in Assiut City, Ägypten, *Journal of Basic Microbiology,* 48:168-176.

Hou, S., Zheng, N., Tang, L., Ji, X., Li, Y., Hua, X. (2018). Verschmutzungsmerkmale, Quellen und Bewertung des Gesundheitsrisikos der menschlichen Exposition gegenüber Cu-, Zn-, Cd- und Pb-Verschmutzung im städtischen Straßenstaub in China zwischen 2009 und 2018. *Environment International,* 128, 430-437.

Jayanthi, B., Emenike C.U., Agamuthu, P., Khanom Simarani, Sharifah Mohamad, Fauziah, S.H. (2016). Selected microbial diversity of contaminated landfill soil of Peninsular Malaysia and the behavior towards heavy metal exposure, *Catena* 147: 25-31

Malik, A., Aleem, A. (2011). Inzidenz von Metall- und Antibiotikaresistenz in *Pseudomonas* spp. aus dem Flusswasser, mit Abwasser bewässertem landwirtschaftlichem Boden und Grundwasser. *Environ Monit Assess* 178: 293-308.

Mengoni, A. Barzanti, R. Gonnelli, C. Gabbrielli, R. Bazzicalupo, M. (2001). Charakterisierung von nickelresistenten Bakterien, die aus Serpentinböden isoliert wurden, *Environ. Microbiol. ,* 3, 691-698.

Mohammadi, A.A., Zarei, A., Esmaeilzadeh, M., Taghavi, M., Yuosefi, M., Yousefi, Z., Sedighi, F., Javan, S. (2020) . Assessment of Heavy Metal Pollution and Human Health Risks Assessment in Soils Around an Industrial Zone in Neyshabur, Iran, *Biol Trace Elem Res,* 195, 343-352

Nies, D.H., 1999. Mikrobielle Schwermetall-Resistenz. *Appl. Microbiol. Biotechnol.* 51, 730–750.

Nithya, C., Pandian, S. K. (2010). Isolation von heterotrophen Bakterien aus den Sedimenten der Palk Bay, die Schwermetalltoleranz und Antibiotikaproduktion zeigen. *Microbiological Research,* 165(7), 578-593.

Pages, D., Rose, J., Conrod, S., Cuine, S., Carrier, P. (2008) Heavy Metal Tolerance in *Stenotrophomonas maltophilia. PLoS ONE* 3(2): e1539. doi:10.1371/journal.pone.0001539

Pereira, E.J., Ramaiah N. (2019). Chromate detoxification potential of *Staphylococcus* sp., Isolates from an estuary, *Ecotoxicol.*, 28: 457–466.

Raman, N., Asokan, M., Shobana, S. Sundari, N. (2018). Bioremediation von Chrom (VI) durch *Stenotrophomonas maltophilia*, isoliert aus Gerbereiabwässern. *Int. J. Environ. Sci. Technol.* 15: 207–216

Sair A.T., Khan, Z.A. (2017) Prevalence of antibiotic and heavy metal resistance in gram-negative bacteria isolated from rivers in northern Pakistan, *Water Environ. J.*, 32: 51–57.

Schütze, E., Kothe, E. (2012). Bio-Geo Interactions in Metal-Contaminated Soils. In: Kothe, E., Varma, A.(Eds.), *Soil Biology* 31. Springer-Verlag, Berlin Heidelberg, pp. 163–182.

USEPA (2000) Introduction to phytoremediation. United States Environmental Protection Agency, Washington.

Vareda, J.P., Valente, A.J.M., Durães, L. (2019). Bewertung der Schwermetallbelastung durch anthropogene Aktivitäten und Sanierungsstrategien: A review. *Journal of Environmental Management*, 246, 101- 118.

Verma, G., Christy, N., Veer, C. (2017). Isolation and Characterization of Pseudomonas stutzeri as lead tolerant Bacteria from water bodies of Udaipur, India using 16S rDNA sequencing technique, *J. Pure Appl. Microbiol.*, 11: 975-979

Wuana, R. A., Okieimen, F. E. (2011). Schwermetalle in kontaminierten Böden: ein Überblick über Quellen, Chemie, Risiken und beste verfügbare Strategien zur Sanierung. *ISRN Ecology, 2011.*

Yamina, B., Tahar, B., & Laure, F. M. (2012). Isolierung und Screening von schwermetallresistenten Bakterien aus Abwasser: Eine Studie zur Schwermetall-Co-Resistenz und Antibiotika-Resistenz. *Water Science and Technology: A Journal of the International Association on Water Pollution Research*, 66(10), 2041-8.

Yang, Q., Li, Z., Lu, X., Duan, Q., Huang, L., Bi, J. (2018). A review of soil heavy metal pollution from industrial and agricultural regions in China: Verschmutzung und Risikobewertung. *Science of The Total Environment,* 642, 690-700.

Zainal Abidin, Z.A., Chowdhury, A.J.K. (2018). Schwermetalle und antibiotikaresistente Bakterien im Meeressediment des Küstenwassers von Pahang. *J. CleanWAS*, 2(1): 20-22.

Zainal Abidin, Z.A., Badaruddin, P.N.E., Chowdhury, A.J.K. (2020) Isolation von schwermetallresistenten Bakterien aus dem Seesediment des IIUM, *Kuantan Desalination and Water Treatment* 188: 431-435.

SALINITÄTSTOLERANZ UND WACHSTUMSLEISTUNG VON

ASIAN SEABASS (Lates calcarifer) JUVENILES

Kim Seng, Tan1, Mohammad Tajuddin Abd Manaf1, Najiah Musa1, Kok Leong, Lee1, Nadirah Musa* *1Fakultät* für Fischerei und Lebensmittelwissenschaft, Universiti Malaysia Terengganu, 21030 Kuala Nerus, Terengganu
Korrespondierender Autor: nadirah@umt.edu.my

ABSTRACT
Die aktuelle Studie zielt darauf ab, die Toleranz und die Wachstumsraten von Jungfischen des Asiatischen Wolfsbarsches zu bestimmen, die verschiedenen Salzgehalten im Wasser ausgesetzt werden, d.h. 0, 5, 10, 15, 20, 25 und 30 ppt. Die Fische wurden außerdem 15 Tage lang einer Studie zur Wachstumsleistung unterzogen. Während des Versuchszeitraums wurde keine Sterblichkeit beobachtet. Eine signifikant höhere Wachstumsleistung der Gesamtlängenzunahme (TLG), der Gesamtgewichtszunahme (TWG) und der spezifischen Wachstumsrate (SGR) wurde bei 0 und 25 ppt mit 6,16 und 8,08 %; 29,94 und 26,92 % bzw. 1,72 und 1,58 % beobachtet. Insgesamt erreichten die Jungfische des Asiatischen Wolfsbarsches, die 15 Tage lang bei einem Salzgehalt von 0 ppt aufgezogen wurden, einen besseren Wert für TWG und SGR im Vergleich zu 25 ppt. Daher kann die Manipulation des Salzgehalts für das Management der Brüterei vorteilhaft sein, um das Überleben und die Produktion des Asiatischen Wolfsbarsches zu erhöhen.

Schlüsselwörter: *Lates calcarifer*; Salinitätstoleranz; Wachstumsleistung

EINLEITUNG
In den letzten Jahrzehnten birgt der Fischereisektor ein großes Potenzial, eine wichtige Proteinquelle für die malaysische Bevölkerung zu sein. Laut FAO (2018) belief sich die gesamte Fischereiproduktion des Landes auf 1,7 Millionen Tonnen mit einem Gesamtwert der Exporteinnahmen von 714,1 Millionen USD im Jahr 2017. Im Allgemeinen kann die Fischerei in zwei Hauptkomponenten unterteilt werden: i) marine Fangfischerei und ii) Aquakultur. Die Fangfischerei ist jedoch der Sektor mit dem höchsten Anteil an den Fischanlandungen, der 88,3 % der Gesamtproduktion im Jahr 2007 ausmachte, während der Rest aus der Aquakultur stammt (FAO, 2018).

Asiatischer Wolfsbarsch, *Lates calcarifer,* lokal bekannt als "ikan siakap", ist ein tropisches und subtropisches Mitglied der Familie Latidae der Ordnung Perciformes (Shadrin und Pavlov, 2015). Dieser Fisch ist im gesamten indisch-westpazifischen Raum vom Arabischen Golf bis nach Südchina, Papua-Neuguinea und Nordaustralien weit verbreitet (Nelson, 1994). Der Preis für Asiatischen Wolfsbarsch ist auf dem lokalen Markt auf bis zu RM16 pro Kilogramm gestiegen. Die Nachfrage nach Asiatischem Wolfsbarsch gilt als hoch und ist aufgrund seiner feinen Textur und seines schmackhaften weißen Fleisches einer der beliebtesten Fische der Malaysier.

Lates calcarifer laicht in der Natur das ganze Jahr über, wobei die Hauptsaison von April bis August stattfindet. Der erwachsene Fisch ist ein gefräßiger Fleischfresser, aber Jungfische sind Allesfresser (Kungvankil et al., 1985). Sie scheinen während der Laichzeit salzhaltiges Wasser zu benötigen, doch die Larven können auch im Süßwasser gefunden werden. Die Larven metamorphosieren mit 8-10 mm zu Jungfischen, die leicht an der Änderung der Farbe der Fischlarven von dunkel zu bräunlich und dem Auftreten deutlicher Seitenstreifen zu erkennen sind (Dhert, Laven & Sorgeloos, 1992); und später wechseln sie im Alter von 2 bis 3 Wochen (20 mm) zum Fingerling-Stadium.

74

Die Aquakultur, insbesondere die Brackwasserfischzucht, hat in Malaysia Entwicklungspotenzial. So ist der Asiatische Wolfsbarsch ein wichtiger Küsten-, Ästuar- und Süßwasserfisch, der aufgrund seines hohen Marktwerts und seiner schnellen Wachstumsrate das Ziel der Zucht von lokalen Fischzüchtern ist (FAO, 2018). Nichtsdestotrotz beginnt der Erfolg der Saatgutproduktion mit der Verfügbarkeit von gesundem Brutmaterial und der Konsistenz der hohen Qualität der Massensaatgutproduktion. Derzeit ist die Qualität des Saatguts des Asiatischen Wolfsbarsches jedoch uneinheitlich, während eine unzureichende Versorgung mit Saatgut entweder aus der Wildnis oder aus der Aquakultur gemeldet wurde (Nammalwar und Marichamy, 1998).

Verschiedene physiologische Prozesse bei Fischen wie Stoffwechsel, Osmoregulation und Biorhythmus werden durch den Salzgehalt des Wassers beeinflusst. Außerdem beeinflusst der Salzgehalt die Verteilung, das Wachstum und die Überlebensrate der Fischentwicklung (Varsamos et al., 2005). Knochenfische können die Umweltsalinitäten ihrer Körperflüssigkeiten in der ionischen und osmotischen Homöostase durch energieaufwendige Prozesse der osmoregulatorischen Mechanismen aufrechterhalten (Sampaio und Bianchini, 2002). Das Wachstum ist das positive Nettoergebnis aus der durch die Nahrungsaufnahme bereitgestellten Energie und dem metabolischen Aufwand (Jobbling, 1994). Es wurde berichtet, dass bei optimalem Salzgehalt die Nettoenergie dazu beitragen kann, die Wachstumsraten der Fische zu erhöhen (Amni et al., 2015) und die osmotische Arbeit zu reduzieren (Estudillo et al., 2000). Dennoch wurden nur wenige Studien durchgeführt, um die Salinitätstoleranz von Asiatischem Wolfsbarsch zu untersuchen. Daher wurde dieses Experiment durchgeführt, um die Salzgehaltstoleranz und die Wachstumsraten von jungen Asiatischen Wolfsbarschen (*Lates calcarifer*) zu bestimmen, die verschiedenen Salzgehaltsbehandlungen ausgesetzt wurden.

MATERIALIEN UND METHODEN

Quelle für Jungfische Asiatischer Wolfsbarsch

Asiatischer Wolfsbarsch, *Lates calcarifer,* Jungfische (50 Tage nach dem Schlüpfen) wurden von einem lokalen Anbieter gekauft. Jedes der Jungfische wurde hinsichtlich Körpergewicht und Körperlänge gemessen (mittleres Körpergewicht 11,80 ± 3,75 g; mittlere Körperlänge 10,26 ± 1,15 cm). Die Experimente wurden in der Meeresbrüterei, Hatchery Unit, Faculty of Fisheries and Food Science, Universiti Malaysia Terengganu, durchgeführt.

Experimenteller Aufbau

Das Meerwasser wurde in den Becken gelagert und durch biologische Filter oder schnelle Sandfilter gefiltert, um die erforderliche Wasserqualität zu erhalten. Es wurden verschiedene Salinitätswässer vorbereitet (5, 10, 15, 20 (Kontrolle), 25 und 30 ppt) und mit Süßwasser verdünnt und in einem geschlossenen Glasaquarium gehalten. Für 0 ppt wurde Süßwasser verwendet. Vierzehn Einheiten eines Glasaquariums mit einem Volumen von 54 Litern (60 cm × 30 cm × 30 cm Tiefe) wurden vorbereitet und vor Beginn des Experiments gewaschen und mit Wasser unterschiedlicher Salzgehalte gefüllt. Zur Messung des Salzgehaltes des verwendeten Wassers wurde ein Refraktometer verwendet. Zusätzlich wurde eine sanfte Belüftung in das Aquarium eingebracht, um die Wasserzirkulation zu verbessern und kontinuierlich mit gelöstem Sauerstoff zu versorgen.

Einhundertvierzig gesunde Jungfische von Wolfsbarschen ähnlicher Größe wurden zur Akklimatisierung für eine Woche in ein 350 l fassendes Besatzbecken (210 cm × 120 cm × 74 cm Tiefe) überführt, das mit belüftetem Wasser von 20 ppt gefüllt war. Bei der Ankunft wurden die Fische zunächst ausgehungert und innerhalb von 5 Stunden mit 10 ml 5 ppm Jod behandelt und für die Akklimatisierung mit 20 ppt weiterbehandelt. Nach 24 Stunden wurden die Fische zweimal täglich mit handelsüblichen Meeresfischpellets (43 % Rohprotein, 6 % Rohfett und 12 % Feuchtigkeit) bei 2,0 Gew.-% gefüttert.

Salinitätstoleranz

Das erste Experiment wurde durchgeführt, um die Auswirkung des Salzgehalts des Wassers auf die

Überlebensrate der juvenilen asiatischen Wolfsbarsche zu bestimmen. Vor den Salinitätsversuchen wurden die Jungfische für 24 Stunden ausgehungert. Ihre Gesamtlänge (TL) und ihr Körpergewicht (BW) wurden aufgezeichnet. Es wurden Glasaquarien mit unterschiedlichem Salzgehalt vorbereitet; in Replikaten. Insgesamt 70 Jungfische wurden gleichmäßig auf 14 Aquarien (n=5) verteilt und für 48 Stunden gehalten. Die Fische wurden während der Versuche nicht gefüttert, die Mortalität wurde täglich beobachtet, und tote Fische wurden entfernt.

Einfluss des Salzgehalts auf die Wachstumsleistung

Während der Versuche zur Salzgehaltstoleranz wurde keine Sterblichkeit festgestellt. Daher wurden Wassersalzgehalte von 0, 5, 10, 15, 20 (Kontrolle), 25 und 30 ppt für den Wachstumsleistungsversuch verwendet, der 15 Tage lang dauerte. Die Gesamtlänge (TL) und das Gesamtgewicht (TW) von 70 Fischen wurden vor dem Experiment und am Ende des 15-tägigen Zeitraums gemessen und aufgezeichnet. Siebzig Wolfsbarsch-Jungfische wurden gleichmäßig auf 14 Aquarien verteilt (n=5).

Wasserqualitätsparameter wie Temperatur, Salzgehalt, gelöster Sauerstoff, pH-Wert und Mortalität wurden täglich aufgezeichnet. Die Eintauchheizungen wurden verwendet, um die Wassertemperaturen bei 28 ± 1°C zu halten. Jedes der Aquarien wurde belüftet, um den Sättigungsgrad des gelösten Sauerstoffs im Bereich von 60-70%. Während des Experiments wurden die Jungfische zweimal täglich mit 2 % des Körpergewichts mit kommerziellen Meeresfischpellets gefüttert. Fäkalien und nicht gefressene Futterreste wurden täglich aus den Aquarien abgesaugt. Während des 15-tägigen Zeitraums wurde alle 3 Tage kurz vor der Fütterungszeit ein Drittel des Wasservolumens ausgetauscht.

Nach 15 Tagen wurden die Fische immobilisiert, gewogen, auf Länge vermessen und vorsichtig in ihr zugewiesenes Einzelaquarium zurückgesetzt. Für jeden einzelnen Fisch wurden der Mittelwert des Anfangs- und Endgewichts (g), die Gesamtgewichtszunahme (%), die Anfangs- und Endlänge (cm), die Gesamtlängenzunahme (%) und die spezifische Wachstumsrate (SGR) aufgezeichnet und nach den vorgegebenen Formeln berechnet:

I.   Gesamtlängengewinn (TLG)
Prozentsatz des TLG (%) = [(L_1- L0) ÷ L0] × 100
Dabei gilt: L0 = Anfangsmittelwert der Gesamtlänge (cm); L_1 = Endmittelwert der Gesamtlänge (cm)

II.   Gesamtgewichtszunahme (TWG)
Prozentsatz des TWG (%) = = [(W1- W0) ÷ W0] × 100
Wobei: W0 = Anfangsmittelwert des Körpergewichts (g); W1 = Endmittelwert des Körpergewichts (g)

III.   Spezifische Wachstumsrate (SGR)
Spezifische Gewichtszunahme (SGR) (%) = [(ln Endkörpergewicht - ln Anfangskörpergewicht) ÷ Tag] × 100

Statistische Auswertung

Die Daten wurden als Mittelwert ± SD ausgedrückt und mittels einseitiger Varianzanalyse (ANOVA) analysiert und der Tukey-Test für multiple Vergleiche wurde für die statistische Post-hoc-Auswertung für die Wachstumsleistung der Fische verwendet, wobei das Signifikanzniveau auf P < 0,05 festgelegt wurde. Die statistischen Analysen wurden mit SPSS (20.0 für Windows) durchgeführt. Alle prozentualen Daten der Gesamtlängenzunahme (TLG), der Gesamtgewichtszunahme (TWG) und der spezifischen Wachstumsrate (SGR) wurden vor der ANOVA mit Arcsine transformiert.

ERGEBNISSE UND DISKUSSION

Salzgehaltstoleranz von juvenilen AsiatischenSebarschen
Die Ergebnisse zeigen, dass die Jungfische des Asiatischen Wolfsbarsches (Abbildung 1) in allen Salzgehaltsbehandlungen überleben konnten und einen breiten Bereich des Salzgehalts (von 0 bis 30 ppt) tolerieren können. Die Überlebensrate der Fische wird im Allgemeinen von der Fähigkeit der Körperflüssigkeit beeinflusst, die Osmolalität der äußeren Umgebung zu tolerieren (Stickeney, 1979). Es wird berichtet, dass der Asiatische Wolfsbarsch in der Lage ist, Schwermetalle wie Quecksilber zu akkumulieren (Currey et al., 1992), während er unter verschiedenen physiologischen und Umweltbedingungen überlebt, einschließlich unterschiedlicher Salzgehalte, hoher Trübung und Temperaturen (Job, 2011; Rajaguru, 2002; Yue et al., 2009). Dies ist auf die höhere Austauschrate zurückzuführen, insbesondere an Kiemen, Haut und Darm, die für die Wasseraufnahme verantwortlich sind (Sarwono, 2004).

Abb. 1: Asiatischer Wolfsbarsch (*Lates calcarifer*) im juvenilen Stadium

Die Beobachtung des Fischverhaltens unter verschiedenen Wasser-Salzgehaltsbedingungen wurde auch innerhalb der Salzgehaltstoleranzversuche durchgeführt. Die Anzahl der Fische, die mit einer abnormalen Position schwimmen, d.h. mit einem um fast 180° geneigten Körper und einem nach unten gerichteten Kopf (Abbildung 2), stieg allmählich von 0 bis 10 ppt an; der signifikant höchste Prozentsatz (p<0,05) wurde bei 10 ppt mit 30 % beobachtet, während bei 15 und 20 ppt kein einziger Fisch mit abnormaler Position schwamm (Abbildung 3). Der Prozentsatz der Fische, die mit abnormalen Positionen schwimmen, wurde jedoch in 25 und 30 ppt mit 10 % aufgezeichnet. Diese abnormale Position deutet darauf hin, dass der Fisch möglicherweise Probleme mit dem Auftrieb hat. Es ist möglich, dass die Schwimmblase aufgrund von drastischen Veränderungen der Wasserqualität, z. B. des Salzgehalts, nicht richtig funktioniert.

Abb. 2: Abnormale Schwimmlage von juvenilen Asiatischen Wolfsbarschen.

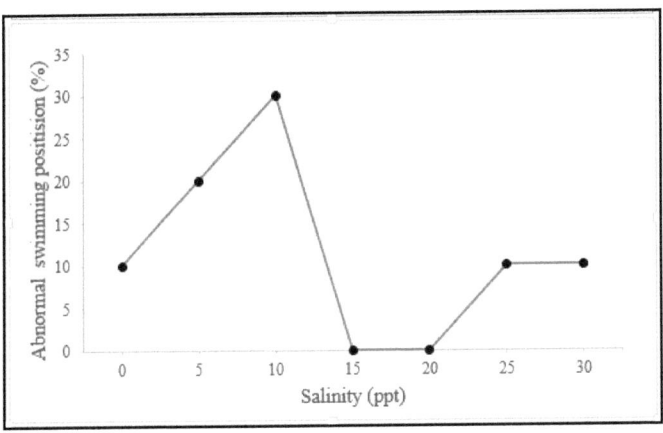

Abb. 3: Prozentualer Anteil der Jungfische des Asiatischen Wolfsbarsches mit abnormaler Schwimmlage in verschiedenen Salinitäten für 48 Stunden (n=5).

Auswirkung verschiedener Wassersalzgehalte auf die Wachstumsleistung
Die mittlere Körperlänge und das Gewicht des Asiatischen Wolfsbarsches nahmen in allen Salinitäten innerhalb der Dauer von 15 Tagen zu (Tabelle 1). Die höchste mittlere Körperlänge wurde bei einer Salinität von 25 pt mit 10,88 ± 0,12 cm und einem Gesamtlängenzuwachs (TLG) von 8,08 ± 1,81 % gefunden. Die niedrigste mittlere Körperlänge wurde hingegen bei 10 ppt gefunden, mit 10,01 ± 0,2 cm von 1,94 ± 0,04 %. TLG war signifikant höher (P<0,05) in 0 und 25 ppt.

Für die Gesamtgewichtszunahme (TWG) wurde das höchste mittlere Körpergewicht in 0ppt und mit 29,94 ± 14,33 %; während der niedrigste Mittelwert des Gewichts in 15 ppt mit 9,58 ± 2,75 % beobachtet wurde. Die TWG waren signifikant höher (P<0,05) in 0, 10 und 25 ppt.

Für die spezifische Wachstumsrate (SGR) wurde der höchste Wert bei 0 ppt mit 1,71 ± 0,74 %/Tag ermittelt, während der niedrigste Wert der SGR bei 15 ppt mit 0,61 ± 0,17 %/Tag ermittelt wurde. Eine signifikant höhere SGR (P>0,05) wurde bei 0, 10 und 25 ppt erreicht.

79

Tabelle 1: Parameter der Wachstumsleistung, Gesamtlängenzunahme (TLG), Gesamtgewichtszunahme (TWG) und spezifische Wachstumsrate (SGR) von juvenilen asiatischen Wolfsbarschen, die 15 Tage lang bei verschiedenen Wassersalzgehalten aufgezogen wurden (n=5).

Salzgehalt (ppt)	0	5	10	15	20	25	30
TLG (%)	6.16 ± 3.29a	4.27 ± 0,31ab	1.95 ± 0.12c	1.94 ± 0.04c	3.13 ± 0.11b	8.08 ± 1.81a	3.04 ± 0.93b
TWG (%)	29.94 ± 14.33a	13.79 ± 8.54b	24.04 ± 10.13a	9.58 ± 2.75b	11.10 ± 3.71b	26.92 ± 10.21a	14.34 ± 8.40b
SGR (%/)	1.72 ± 0.74a	0.85 ± 0.50b	1.42 ± 0,54ab	0.61 ± 0.17b	0.70 ± 0.22b	1.58 ± 0.53a	0.88 ± 0.49b

* Daten dargestellt als Mittelwert ± Standardabweichung (SD). [a,b,c] Unterschiedliche hochgestellte Zahlen zeigen einen signifikant unterschiedlichen Wert innerhalb einer ähnlichen Reihe an (P<0,05)

Insgesamt ist der Längenzuwachs (TLG), der Gesamtgewichtszuwachs (TWG) und die spezifische Wachstumsrate (SGR) für den asiatischen Wolfsbarsch bei 0 ppt im Vergleich zu anderen Salzgehalten am besten. Die Wachstumsleistung von Fischen wird durch die Interaktion zwischen Genotyp und Umgebung wie Salzgehalt, Photoperiode und Temperatur beeinflusst (Kikuchi et al., 2007; Zahari et al., 2018) und kann auch je nach Art, Geschlecht und Alter variieren (Hepher, 1993; Dutta, 1994). Darüber hinaus spielen Faktoren wie Qualität und Quantität der Nahrung, Management und Gesundheitszustand ebenfalls eine wichtige Rolle. Bei den meisten Fischarten ist das Wachstum unbestimmt (van Winkle et al., 1997), daher müssen diese Faktoren bei der Einrichtung einer Fischkultur berücksichtigt werden, um Fische von bester Qualität zu produzieren (Boeuf et al., 1999). Einige Studien berichteten über eine bessere Wachstumsrate in Bedingungen mit intermediärem Salzgehalt wie Brackwasser, wie bei Atlantischem Lachs, Regenbogenforelle und Goldbrasse (Boeuf und Payan, 2001), möglicherweise aufgrund von hormoneller Stimulation, langsamerem Stoffwechsel, erhöhter Futteraufnahme und erhöhter Proteinverdaulichkeit (Kikuchi et al., 2007). Nach Altinok und Grizzle (2001) zeigten jedoch einige Arten von Jungfischen aufgrund genetischer Unterschiede uneinheitliche Wachstumsleistungen, wenn sie einem niedrigen Salzgehalt ausgesetzt waren. Der Salzgehalt lenkt die verfügbare Energie aus der osmotischen Regulation auf das Fischwachstum ab (Altinok und Grizzle, 2001). Die Beziehung zwischen dem Salzgehalt und der Wachstumsleistung ist jedoch komplex und kann nicht ohne weiteres vorhergesagt werden (Iwama, 1996). Zum Beispiel ist bei Süßwasserfischen die Entwicklungsrate umso höher, je höher der Salzgehalt ist; im Gegensatz zu Meeresfischen ist die Wachstumsrate umso höher, je niedriger der Salzgehalt des Wassers ist (Woo & Kell, 1995; Boeuf und Payan,2001).

SCHLUSSFOLGERUNG

Zusammenfassend lässt sich sagen, dass Jungfische des Asiatischen Wolfsbarsches einen breiten Salzgehalt tolerieren können. Allerdings erreichten die Jungfische, die bei 0 ppt aufgezogen wurden, die beste Wachstumsleistung, wie in TWG und SGR aufgezeichnet, im Vergleich zu 25 ppt. Die Ergebnisse sind nützlich für das Brütereimanagement, da sie den Ertrag des Asiatischen Wolfsbarsches, *Lates calcarifer,* steigern können. Weitere Untersuchungen zur Auswirkung des Salzgehalts auf das Schwimmverhalten und die physiologische Leistung des asiatischen Wolfsbarsches sind gerechtfertigt.

QUITTUNG

Die Autoren bedanken sich bei der Fakultät für Fischerei und Lebensmittelwissenschaften, Universiti Malaysia Terengganu, für die Bereitstellung der notwendigen Einrichtungen.

REFERENZEN

Altinok, I. und Grizzle, J.M. (2001). Auswirkungen von Brackwasser auf Wachstum, Futterverwertung und Energieabsorptionseffizienz von juvenilen euryhalinen und süßen stenohalinen Fischen. *Zeitschrift für Fischbiologie.* **59**: 1142-1152.

Amni, R.O., Kawamura, G., Senoo, S. und Ching, F.F. (2015). Auswirkungen unterschiedlicher Salzgehalte auf Wachstum, Fütterungsleistung und Plasmacortisolspiegel bei hybriden TGGG (Tiger Grouper, *Epinephelus fuscoguttatusx* und Giant Grouper, *Epinephelus lanceolatus*) Jungfischen. *International Research Journal of Biological Sciences.* **4**: 15-20.

Amornsakun, T., Vo, V.H., Petchsupa, N., Pau, T.M. und Hassan, A.B. (2017). Auswirkungen des Salzgehalts des Wassers auf den Schlupf der Eier, das Wachstum und das Überleben von Larven und Jungfischen des Schlangenkopffisches, *Channa striatus. Songklanakarin Journal Science and Technology.* **39**:137-142.

Boeuf, G., Boujard, D. und Ruyet, J. P. L. (1999). Kontrolle des somatischen Wachstums beim Steinbutt. *Journal of Fish Biology.* **55**: 128-147.

Boeuf, G. und Payan, P. (2001). Wie sollte der Salzgehalt das Fischwachstum beeinflussen? *Comparative Biochemistry and Physiology Part C: Toxicology and Pharmacology.* **130**: 411-423.

Boeuf. G. (2009). Akklimatisierung von aquatischen Organismen in Kultur. *Fischerei und Aquakultur-Band IV.* n: Encyclopedia of Life Support Systems, EOLSS UNESCO, im Druck. Pp: 175.

Currey, N.A., Benko, W.I., Yaru, B.T. und Kabi, R. (1992). Bestimmung von Schwermetallen, Arsen und Selen in Barramundi (*Lates calcarifer*) aus dem Murray See, Papua Neuguinea. *The Science of the Total Environment.* **125**: 305-320.

Dhert, P., P. Lavens & P. Sorgeloos. (1992). Stressbewertung: ein Werkzeug zur Qualitätskontrolle von in Brütereien produzierten Garnelen und Fischbrut. Aquacult. Europe, **17**: 6-10.

Dutta H. (1994). Wachstum bei Fischen. *Gerontology (India).* **40**:97-112

Estudillo, C.B., Duray, M.N., Marasigan, E.T. und Emata, A.C. (2000). Salzgehaltstoleranz von Larven des Mangroven-Rotschnappers (*Lutjanus argentimaculatus*) während der Ontogenese. *Aquakultur.* **190**: 155-167.

FAO Fischereistatistik (2018). Malaysia Fischerei und Aquakultur. FAO Fischerei- und Aquakulturabteilung [online]. Verfügbar unter: http://www.fao.org/fishery/facp/MYS/en[Zugriff am [28.] März2018].

Hepher, B. (1993). Wachstum. In: Hepher, B., editor. Ernährung von Teichfischen. Cambridge: Cambridge University; S. 163-191

Iwama, G.K. (1996). Wachstum von Salmoniden. In Principle of Salmonid Culture (Pennell, W. und Barton, B.A., eds). Amsterdam: Elsevier. Pp. 467-516

Job, S. (2011). Barramundi Aquakultur. *Recent Advances and New Species in Aquaculture.* Pp. 199-229. Jobling, M. (1995). Fisch-Bioenergetik. *Oceanographic Literature Review.* **9**: 785.

Kikuchi, K., Furuta, T., Ishizuka, H., und Yanagawa, T. (2007). Wachstum von Tigerkugeln, *Takifugu rubripes*, bei verschiedenen Salzgehalten. *Journal of the World Aquaculture Society.* **38**:427-434.

Kungvankil, P., Tiro Jr, L.B., Pudadera Jr, B.J. und Potesta, I.O. (1985). Training Manual: Biology and Culture of Sea bass (*Lates calcarifer*). Abteilung für Fischerei und Aquakultur (FAO) [online]. Verfügbar unter: http://www.fao.org/docrep/field/003/ac230e/AC230E02.htm#ch2[Zugriff am [10.] März2018].

Nammalwar, P. und Marichamy, R. (1998). Wolfsbarsch-Brüterei. Zentrales Forschungsinstitut für Meeresfischerei, Kochi. Pp. 149-153.

Nelson, J. (1994). *Fishes of the World*, [3.] Auflage. John Wiley and Sons, New York.

Rajaguru, S. (2002). Kritisches thermisches Maximum von sieben Ästuarinen Fischen. *Journal of Thermal Biology.* **27**: 125-128.

Sampaio, L.A. und Bianchini, A. (2002). Salinitätseffekte auf Osmoregulation und Wachstum der euryhalinen Flunder *Paralichthys orbignyanus*. *Journal of Experimental Marine Biology and Ecology.* **269**: 187-196.

Sarwono, H.A. (2004). Einfluss des Salzgehalts auf die Osmoregulationsfähigkeit, den Futterverbrauch, die Futtereffizienz und das Wachstum von juvenilen Wolfsbarschen (*Lates calcarifer* Bloch). KasetsartUniversität.

Shadrin, A.M. und Pavlov, D.S. (2015). Embryonal- und Larvenentwicklung des Asiatischen Wolfsbarsches *Lates calcarifer* (Pisces: Perciformes: Latidae) unter thermostatisch kontrollierten Bedingungen. *Izvestiya Akademii Nauk, Seriya Biologicheskaya.* **4**:401-414.

Sharpe, S. (2018). Schwimmblasenstörung bei Aquarienfischen. The Spruce [online]. Verfügbar unter: https://www.thespruce.com/swim-bladder-disorder-in-aquarium-fish-1381230[Zugriff am [16.] April 2018].

Stickney, R.R. (1979). Principles of warmwater aquaculture. *John Wiley and Sons.* New York. Pp. 262- 314.

Varsamos, S., Nebel, C. und Charmantier, G. (2005). Ontogenese der Osmoregulation bei postembryonalen Fischen: A review. *Vergleichende Biochemie und Physiologie Teil A, CBP.* **141**: 401-429.

Van Winkle W, Shuter BJ, Holcomb BD, Jager HI, Tyler JA & Whitaker S (1997). Regulation des Energieerwerbs und der Zuordnung zu Atmung, Wachstum und Reproduktion: Simulationsmodell und Beispiel anhand der Regenbogenforelle. In: Early Life History and Recruitment in Fish Populations. Chambers RC & Trippel EA (eds.), pp. 103- 137. London, UK: Chapman & Hall

Woo, N. Y. S., & Kell, S. P. (1995). Einfluss von Salzgehalt und Ernährungszustand auf Wachstum und Stoffwechsel von *Sparus sarba* in einem geschlossenen Meerwassersystem. *Aquaculture,* **135**, 229-238.

Yue, G.H., Zhu, Z.Y., Lo, L.C., Wang, C.M., Lin, G., Feng, F., Pang, H.Y., Li, J., Gong, P., Liu, H.M., Tan, J., Chou, R., Lim, H. und Orban, L. (2009). Genetische Variation und Populationsstruktur des asiatischen Wolfsbarsches (*Lates calcarifer*) im asiatisch-pazifischen Raum. *Aquakultur.* **293**: 22-28.

Zahari, Z., Christianus, A., und Ismail, M.F.S. (2018). Auswirkung von Besatzdichte und Salzgehalt auf das Wachstum und Überleben von goldenen Anabas-Brütlingen. *Survey in Fisheries Sciences.* **4**: 26-37.

Review: Actinomycetes Diversität und biosynthetische Fähigkeiten der Ostküste von Peninsular Malaysia Küstenwasser

Zaima Azira Zainal Abidin1*, Nurfathiah Abdul Malek
1Abteilung für Biotechnologie, Kulliyyah der Wissenschaft, Internationale Islamische Universität Malaysia
*Korrespondierender Autor: zzaima@iium.edu.my

ABSTRACT

Actinomyceten sind bekannt als eine hervorragende Quelle für Antibiotika und eine breite Palette biologischer Verbindungen. Die Entdeckung von Streptomycin aus *Streptomyces* ebnete den Weg für die Erforschung und Nutzung von Actinomyceten für die Entdeckung von Antibiotika und anderen wichtigen Verbindungen. Da viele Forscher in Malaysia die Bedeutung von Actinomyceten für die Entdeckung von Naturstoffen erkannten, ergriffen sie auch die Initiative, sich an der Erforschung von Actinomyceten aus der lokalen Umgebung zu beteiligen. Diese Übersichtsarbeit fasst die Forschung zur Aktinomyceten-Diversität und deren biologisches Potenzial zusammen, insbesondere an der Ostküste der malaysischen Küstengewässer, nämlich in Pahang, Terengganu und Kelantan.

Stichworte: Actinomyceten, Diversität, biologische Aktivitäten, Küstengewässer

EINLEITUNG

Actinomyceten sind Gram-positive, aerobe und filamentöse Bakterien, die häufig im Boden vorkommen. Sie sind bekannt für ihre überlegene Fähigkeit, Sekundärmetaboliten mit breiter biologischer Aktivität zu produzieren. Die produktive Gattung *Streptomyces* zum Beispiel ist für fast 70 % der kommerziell erhältlichen Antibiotika verantwortlich. Das umfangreiche Screening von Aktinomyceten aus dem terrestrischen Gegenstück hat jedoch zu einer Erschöpfung der Aktinomyceten-Kultur geführt und die Wahrscheinlichkeit, neue bioaktive Sekundärmetaboliten zu finden, aufgrund der Wiederentdeckung bekannter Verbindungen von zuvor isolierten Produzenten verringert (Lam, 2006; Naikpatil und Rathod, 2011). Daher kann die Erforschung von Actinomyceten an unerforschten und wenig erforschten Standorten, wie z. B. in extremen Umgebungen und in der Meeresumwelt, und die Konzentration auf seltene Actinomyceten-Gruppen zu einer Neuartigkeit der Arten und schließlich zu einer chemischen Neuartigkeit führen (Goodfellow und Fiedler, 2010; Subramani und Aalbersberg, 2013). Die Verbreitung malaysischer Aktinomyceten wurde in Gebirgsregionen (Lo et al., 2002), Regenwaldböden (Numata und Nimura, 2003), Heilpflanzen (Zin et al., 2007), landwirtschaftlichen Böden (Jeffrey, 2008), Blattabfällen (Muramatsu et al., 2011), Torfsümpfen (Jeffrey, 2011), Rhizosphärenböden (Ting et al., 2009) und Kompost (Ting et al., 2014) untersucht. Die Studien ergaben eine hohe Diversität von Actinomyceten, jedoch mit einer dominanten Streptomyces-Population. Es wurden auch Untersuchungen von potenziell bioaktiven Isolaten auf enzymatische (Jeffrey et al., 2007; Ting et al., 2014), antibakterielle (Jeffrey und Halizah, 2014; Ting et al., 2014) und antimykotische (Jeffrey und Halizah, 2014b) Aktivitäten durchgeführt, mit vielversprechenden Ergebnissen, die weitere Untersuchungen rechtfertigen. Studien über die Verbreitung und das Biopotenzial von Aktinomyceten aus malaysischen Küstengewässern sind immer noch begrenzt, vor allem an der Ostküste Malaysias, was sie zu einer prominenten Quelle für die Isolierung und Bioprospektionsstudien für das Medikamentenentwicklungsprogramm macht. Zu den Küstengewässern gehören Schelfgebiete, halbumschlossene und umschlossene Meere, Einbuchtungen, Flussmündungen und Feuchtgebiete, die oft von Nährstoffzuflüssen vom Land und/oder vom Auftrieb des Ozeans profitieren, der nährstoffreiches Wasser an die Oberfläche bringt und so eine einzigartige Umgebung für Meeresbakterien bietet. Darüber hinaus unterliegt die Umgebung des Küstenwassers auch verschiedenen Schwankungen der physikalischen Faktoren wie hohem Salzgehalt, hohem Druck, saurem pH-Wert und extremen Temperaturen, die eine besondere Umgebung für Meeresbakterien einschließlich Aktinomyceten schaffen, um einzigartige und neuartige Sekundärmetaboliten zu produzieren. Die Ostküste der malaysischen Halbinsel umfasst drei Bundesstaaten, nämlich Pahang, Terengganu und Kelantan, die alle im Osten an das Südchinesische Meer grenzen. Die Perhentian- und Redang-Inseln in Terengganu zum Beispiel sind berühmt für ihre unberührten Inseln und Strände, die sich als Touristenattraktionen präsentieren. Die Ostküste der malaysischen Halbinsel birgt ein großes Potenzial als neue Ressource für hochdiverse Actinomyceten, die für die Entdeckung von Naturprodukten genutzt werden können. In dieser Übersichtsarbeit wird der aktuelle Stand der Forschung zu Aktinomyzeten-Diversität und biosynthetischen Fähigkeiten aus dem Küstenwasser der Ostküste der Halbinsel Malaysia diskutiert.

Actinomycetes

Der Name Aktinomyceten leitet sich aus dem altgriechischen ἀκτίς *(aktís,* 'Strahl') und μύκης *(múkēs,* 'Pilz')* nach der Myzelbildung und dem durch Hyphenspitzenverlängerung angetriebenen Wachstum ab. Actinomyceten umfassen eine große und vielfältige Gruppe von Gram-positiven Bakterien mit hohem Guanin- und Cytosinverhältnis (G+C > 55 % mol) in ihrem Genom. Sie sind aerob, langsam wachsend und unbeweglich und zeichnen sich im Allgemeinen durch die Bildung von fadenförmigen Filamenten oder Hyphen aus (Chaudhary et al., 2013; Goodfellow und Williams, 1983). Aktinomyzeten spielen eine wesentliche Rolle im Nährstoffkreislauf und bei der Mineralisierung von organischen Stoffen und im Boden, insbesondere in der Rhizosphäre (Murphy, 2007). Taxonomisch werden die Actinomyceten in die Klasse der Actinobacteria und die Ordnung der Actinomycetales eingeordnet (Goodfellow und Fiedler, 2010). Actinomycetes umfassen 14 Unterordnungen, 44 Familien und über 200 Gattungen mit mehr als 3000 Bakterienarten. Mitglieder der Ordnung Actinomycetales wurden als eine der am weitesten verbreiteten Taxa-Gruppen in der Domäne Bacteria berichtet, basierend auf ihrem Verzweigungsmuster, wie im 16S rRNA-Genbaum abgeleitet (Ventura et al., 2007; Zhi et al., 2009). Es sollte beachtet werden, dass sich der Ausdruck Actinobacteria auf Mitglieder des Phylums Actinobacteria bezieht, während sich der Begriff Actinomycetes speziell auf Stämme bezieht, die der Ordnung Actinomycetales zugeordnet werden (Goodfellow und Fiedler, 2010). Actinomycetes können in zwei Hauptgruppen kategorisiert werden: die dominante Gruppe und die Gruppe der seltenen Actinomycetes (Azman et al., 2015). Im natürlichen Lebensraum gehören *Streptomyces* und *Micromonospora* zu den dominanten Gattungen der Actinomycetes (Genilloud et al. 2011) mit mehr als 900 bzw. 140 beschriebenen Arten (www.bacterio.net). Auf der anderen Seite sind Gattungen wie *Actinoplanes, Dactylsporangium, Kineosporia, Microbispora* und *Virgosporangium,* die geringere Isolationsraten aufweisen und aufgrund ihres extrem langsamen Wachstums schwieriger zu kultivieren sind, als seltene Actinomyceten bekannt (Subramani und Sipkema, 2019; Subramani und Aalbersberg, 2013; Tiwari und Gupta, 2013).

Actinomyceten sind auch für ihre wirtschaftliche Bedeutung aufgrund ihrer großen metabolischen Vielfalt bekannt. Sie wurden für die Produktion verschiedener industrieller Enzyme kommerziell genutzt, darunter Amylase, Cellulose, Xylanase, Proteasen und Pektinase (Saini et al. , 2015). Enzyme, die von Actinomyceten produziert werden, haben nicht nur biotechnologische Bedeutung, sondern können auch kostengünstig sein, da ihre Produktion mit billigen Substraten durchgeführt werden kann. Actinomyceten besitzen auch das Potenzial für die Anwendung in der Bodenbioremediation (Timkova et al. 2018), der Biotransformation und dem biologischen Abbau von Schadstoffen wie Pestiziden (Serrano-Gonzalez et al. 2018). Sie sind die wichtigsten Quellen bioaktiver Sekundärmetabolite, von denen viele eine medizinische Bedeutung als Antibiotika, antivirale, antiparasitäre, antimalariatische, antitumorale und immunsuppressive Wirkstoffe haben (Jose und Jha 2016; Demain und Sanchez, 2009). Allein die Gattung *Streptomyces* ist mit mehr als 10.400 charakterisierten antimikrobiellen Sekundärmetaboliten der hervorragendste Produzent, gefolgt von Micromonospora-Stämmen (Berdy, 2012). Die Fähigkeit von Streptomyces-Stämmen, bioaktive Verbindungen, insbesondere Antibiotika, zu produzieren, bleibt unvergleichlich, möglicherweise aufgrund ihres besonders großen DNA-Komplements (Kurtboke, 2012). Seltene Actinomyceten repräsentieren etwa 26 % der antimikrobiellen

Verbindungen, wobei mehr als 50 seltene Actinomyceten-Taxa als Produzenten von 2.500 antimikrobiellen Verbindungen berichtet wurden (Azman et al. 2015; Subramani und Aalbersberg, 2013). Mitglieder der Gattungen *Actinomadura*, *Actinoplanes*, *Saccharopolyspora* und *Streptoverticillium* sind die häufigsten Produzenten unter den seltenen Actinomyceten-Gruppen, die jeweils Hunderte von Antibiotika produzieren (Subramani und Aalbersberg, 2013),

Selektive Isolierung von Actinomyceten
Einer der Faktoren, die den Erfolg der Gewinnung verschiedener Aktinomyceten beeinflussen, liegt in der angewandten selektiven Isolierungsmethode. Es ist nicht möglich, ein einziges Verfahren für die Isolierung verschiedener Arten von Aktinomyzeten zu entwickeln, die bestimmte Umweltproben bewohnen, da sie unterschiedliche Inkubations- und Wachstumsanforderungen haben (Goodfellow, 2010). Dementsprechend wurden zahlreiche Ansätze, die die Verwendung von Vorbehandlungsverfahren und Isolationsmedien beinhalten, für die Isolierung großer Actinomyceten-Taxa-Gruppen vorgeschlagen (Hames und Uzel, 2012). Verschiedene Vorbehandlungen können eingesetzt werden, um verschiedene Fraktionen der in Umweltproben vorhandenen Actinomyceten-Gemeinschaft zu selektieren (Zainal Abidin et al. 2015; Naikpatil und Rathod, 2011). Im Allgemeinen selektieren Vorbehandlungsregime für Ziel-Actinomyceten, indem sie das Wachstum von unerwünschten Mikroorganismen eliminieren (Goodfellow und Fiedler, 2010; Goodfellow, 2010). Aktinomyzeten-Sporen sind widerstandsfähiger gegen Austrocknung als andere Bakterien. Daher hemmt das Lufttrocknen der Sedimentproben bei Raumtemperatur die Besiedlung mit unerwünschten Bakterien, die die Isolierplatten überlaufen könnten (Hong *et al.*, 2009). Die Resistenz von Actinomyceten-Vermehrern gegenüber der Austrocknung wird im Allgemeinen mit ihrer Hitzeresistenz in Verbindung gebracht. Der Hauptgrund für diese Hitzeresistenz ist nicht klar, aber es ist offensichtlich, dass die Erwärmung vor der Inokulation die Keimung von Aktinomyzeten-Sporen stimuliert (Hames und Uzel, 2012). Es wurde berichtet, dass viele Aktinomyzeten-Sporen (z. B. *Micromonospora* und *Microbispora*), Sporenbläschen (z. B. *Streptosporangium* und *Dactylsporangium*) und Hyphenfragmente (z. B. *Rhodococcus*) hitzeresistenter sind als die gramnegativen Prokaryoten (Hames und Uzel, 2012). Erhitzende Vorbehandlungsverfahren führen in der Regel zu einer Verringerung des Verhältnisses von unerwünschten Bakterien zu Aktinomyzeten auf den Isolationsplatten, obwohl auch die Aktinomyzetenzahlen abnehmen können (Goodfellow, 2010). Der Einsatz chemischer Vorbehandlungen kann deren Selektivität weiter erhöhen, wie z. B. die Anwendung von Benzethoniumchlorid zur Isolierung seltener Aktinomyzeten (Bredholt et al., 2008).

Unzählige Isolationsmedien wurden für die Isolierung von Actinomyceten entwickelt und vorgeschlagen. Die meisten der Isolationsmedien wurden empirisch formuliert, ohne Bezug auf die Ernährungspräferenzen der Zielorganismen. Die meisten von ihnen haben ein hohes Kohlenstoff-Stickstoff-Verhältnis, da sie komplexe Kohlenstoff- und Stickstoffquellen enthalten (z. B. Stärke, Malzextrakt, Huminsäure, Kasein und Xylan) (Hames und Uzel, 2012). Diese Isolationsmedien begünstigen das Wachstum von Actinomyceten gegenüber den üblichen Bakterien, die nicht in der Lage sind, die hochmolekularen organischen Polymere zu metabolisieren. Antimikrobielle Wirkstoffe, insbesondere Actidion, Cycloheximid, Nystatin und Primaricin bieten einen effektiven Ansatz, um die Selektivität der Isolationsmedien zu erhöhen (Liu et al. 2019; Khanna *et al.* , 2011). Die Verwendung dieser Antibiotika kann als Standardverfahren zur Reduzierung des Wachstums von Pilzkontaminationen betrachtet werden. Die Nachahmung des natürlichen Habitats ist eines der wichtigsten Kriterien für die erfolgreiche Isolierung von Aktinomyceten aus der natürlichen Umgebung (Goodfellow und Fiedler, 2010). Die Herstellung von Isolationsmedien unter Verwendung von natürlichem Meerwasser kann für die selektive Isolierung von Aktinomyzeten aus dem Meer entscheidend sein (Mincer et al., 2002; Zainal Abidin et al. 2015).

Biosynthetische Gene
Ein breites Spektrum biologisch aktiver Verbindungen mit landwirtschaftlichen, medizinischen und biotechnologischen Anwendungen wird hauptsächlich von 2 Biosynthesegenen gesteuert, die als nichtribosomale Polyketidsynthasen (NRPS) und Typ-I-Polyketidsynthasen (PKS-I) bekannt sind

(Ayuso-Sacido und Genilloud, 2005; Gontang et al., 2010). Zu diesen strukturell vielfältigen bioaktiven Metaboliten gehören Antibiotika (z. B. Erythromycin, Nystatin, Penicillin und Vancomycin), Antitumormittel (z. B. Ansamitocin und Bleomycin) und Immunsuppressiva (z. B. Rapamycin). Sowohl NRPS- als auch PKS-I-Biosynthesewege sind nicht nur in Actinomyceten, sondern auch in Cyanobakterien (Fidor et al., 2019) und in filamentösen Pilzen (Theobald et al. 2019) umfangreich beschrieben worden. Strukturell sind sowohl NRPS als auch PKS-I multifunktionale Polypeptide, die von einer variablen Anzahl von Modulen mit multiplen enzymatischen Aktivitäten kodiert werden. Jedes PKS-I-Modul enthält 3 Domänen, die einer Ketosynthase, einer Acyltransferase und einem Acyl-Carrier-Protein entsprechen. Diese Domänen spielen eine wichtige Rolle bei der programmierten Synthese von neuen Polyketidketten. In ähnlicher Weise kodieren die NRPS-Module die Aktivitäten, die den Adenylierungs-, Kondensations- und Thiolierungsschritten bei der Erkennung und Kondensation des Substrats entsprechen. NRPS-Gene synthetisieren Metabolite, die ein bemerkenswertes Spektrum an Aktivitäten aufweisen, die aus individuell ausgewählten Bausteinen aufgebaut wurden (Jimenez et al., 2010). Verbindungen, die von NRPS-Genen synthetisiert werden, sind oft zyklisch aufgebaut und können durch die Anwesenheit von nicht-proteinogenen verzweigten D-Aminosäuren unterschieden werden (Miller *et al.* , 2016).

Die Annotation von biosynthetischen Genclustern würde die Bioassay-Daten ergänzen und eine Manipulation der Kultivierungsbedingungen ermöglichen, um die Expression bioaktiver Metaboliten zu stimulieren (Jimenez et al., 2010). Die Vorhersage bioaktiver Metaboliten durch Genom-Mining von *Salinispora tropica* führt zur Isolierung und Identifizierung von Salinilactam A (Udwary et al., 2007), und ebenso führt das Genom-Mining von zwei verschiedenen Streptomyces-Stämmen, die ähnliche biosynthetische Gencluster haben, zur Entdeckung von drei neuen Polyketiden (Banskota *et al.* , 2006). Das Genom-Mining eines seltenen marinen Aktinomyceten-Stammes *Streptosporangium* führte zur Entdeckung der fünfzähligen Polyphenole Hexaricine A-C (Tian et al. 2016). Daher kann die Untersuchung von Aktinomyceten auf NRPS- und PKS-I-Biosynthesegene hilfreich sein, um ein mögliches Potenzial der biologischen Materialien zu bestimmen (Liu et al. 2019; Zainal Abidin et al. 2018). Positive Ergebnisse in einem PCR-basierten Screening liefern nicht nur den Nachweis der Produktion entsprechender Metaboliten, sondern können auch auf die Existenz weiterer Stoffwechselwege der Sekundärmetaboliten-Synthese hinweisen (Ayuso-Sacido und Genilloud, 2005; Lee et al. 2014). Das Fehlen von nachweisbaren Genfragmenten beweist jedoch nicht definitiv das Fehlen der entsprechenden Biosynthese-Gencluster, da auch andere Metabolite und andere Biosynthesewege existieren, die sich in den Genomen der Actinomyceten widerspiegeln (Kouadri et al. 2014; Zainal Abidin et al. 2018).

Diversität und Bioaktivität von Actinomyceten aus Pahang, Terengganu und Kelantan

Von allen drei Bundesstaaten war Pahang am produktivsten in Bezug auf die Erforschung von Actinomyceten aus Küstengewässern. Einer der Hotspots für die Erforschung von Aktinomyzeten sind die Mangrovenwälder von Tanjung Lumpur in der Stadt Kuantan. Die Anwendung von selektiven Vorbehandlungen von Mangrovensedimentproben mit einer Phenollösung (1.5%, 30 min bei 30°C) oder feuchter Hitze in sterilisiertem Wasser (15 min bei 50°C) führte zur Wiederherstellung von *Streptomyces, Mycobacterium, Leifsonia, Microbacterium, Sinomonas, Nocardia, Terrabacter, Streptacidiphilus, Micromonospora, Gordonia* und *Nocardioides* von diesem Standort zusammen mit mehreren möglichen neuen Gattungen und neuen Arten (Lee et al. 2014a). Zusätzlich wurde der Nachweis von PKS-I, PKS-II und NRPS sowie die Bewertung der antimikrobiellen Aktivität der isolierten Aktinomyceten durchgeführt. Eine Reihe von Aktinomyceten zeigte das Vorhandensein von mindestens einem getesteten Biosynthesegen (PKS-I/PKS-II/NRPS) auf. Eine neue Nocardia-Spezies, die eng mit *Nocardia Africana* verwandt ist, wurde festgestellt, dass sie alle Biosynthesegene (PKS-I, PKS-II und NRPS) enthält. Einige Streptomyces-Isolate zeigten antibakterielle Aktivität gegen Methicillin-resistenten *S. aureus* (MRSA) und ein bestimmtes Streptomyces-Isolat zeigte ein breites Spektrum an antimikrobieller Aktivität, das eine neue Art namens *Streptomyces pluripotens* sp. nov. (Lee et al. 2014b). Dementsprechend wurden zwei neue Gattungen beschrieben, nämlich *Mumia flava* gen. nov. sp. nov (Lee et al. 2014c), und *Monashia flava* gen. nov., sp. nov. (Azman et al. 2016), gefolgt von der Beschreibung von mehreren neuen Arten - *Microbacterium mangrovi* sp. nov. (Lee et al. 2014d), *Sinomonas humi* sp. nov (Lee et al. 2015), *Streptomyces gilvigriseus* sp. nov (Ser et al. 2015a), *Streptomyces mangrovisoli* sp. nov. (Ser et al. 2015b), *Streptomyces antioxidans* sp. nov. (Ser et al. 2016a), *Streptomyces malaysiense* sp. nov. (Ser et al. 2016b) und *Streptomyces humi* sp. nov. (Zainal et al. 2016). Nach der Entdeckung der neuen seltenen Aktinomyceten von diesem Standort wurde ein Screening auf antibakterielle, krebshemmende und neuroprotektive Aktivitäten an *Microbacterium mangrove*, *Sinomonas humi* und *Monashia flava* mit bemerkenswerten Ergebnissen durchgeführt. Methanolische Extrakte von *M. mangrove*, *S. humi* und *M. flava* zeigten bakteriostatische Wirkungen, während *M.* mangrove-Extrakt signifikante neuroprotektive Eigenschaften in oxidativen Stress- und Demenzmodellen zeigte. Darüber hinaus war der *M.* flava-Extrakt in der Lage, die neuronalen SHSY5Y-Zellen im Hypoxie-Modell zu schützen. Zusätzlich zeigten die Extrakte von *M. mangrovi* und *M. flava* krebshemmende Effekte gegen humane Zervixkarzinom-Zelllinien (Ca Ski) (Azman et al. 2017). Weitere Untersuchungen am Extrakt von *Streptomyces gilvigriseus* zeigten eine signifikante antioxidative Aktivität und zytotoxische Wirkung gegen Dickdarmkrebs-Zelllinien und diese Aktivität könnte auf die im Extrakt vorhandenen zyklischen Dipeptide zurückzuführen sein (Ser et al. 2018).

In ähnlicher Weise identifizierten Mohamad et al. (2015) 6 *Streptomyces*, 2 *Micromonospora* und 2 *Rhodococcus*, wobei ein *Streptomyces* aus Tanjung Lumpur eine breite antimikrobielle Aktivität zeigte, einschließlich mehrerer pathogener Bakterien - *K. pneumoniae, S. thypimurium* und *S. pyogenes. Das* Bioprospektionsprogramm für Actinomyceten an 7 Standorten im Mangrovenwald von Kuantan ergab eine große Vielfalt an Actinomyceten mit hohen antimikrobiellen Eigenschaften. Obwohl die Gattungen *Streptomyces* und *Micromonospora* die Actinomycetes-Population dominierten, wurden auch andere Gruppen von Actinomycetes, die zu den seltenen Actinomycetes gehörten, erreicht. Zu den erfolgreich isolierten Mitgliedern der seltenen Gattungen gehören *Pseudonocardia* sp., *Verrucosispora* sp., *Nocardiopsis* sp., *Actinophytocola* sp., *Dietzia* sp., *Gordonia* sp., *Micrococcus* sp., *Mycobacterium* sp, *Nocardia* sp., *Saccharopolyspora* sp. und *Rhodococcus* sp. Seltene Actinomyceten-Stämme - *Pseudonocardia* sp., *Nocardiopsis* sp. und *Actinophytocola sp.* - zeigten ebenfalls antimikrobielle Aktivitäten neben Streptomyces-Stämmen (Abdul Malek et al. 2015, Zainal Abidin et al. 2018). Neben Streptomyces- und Micromonospora-Isolaten, die das Vorhandensein von PKS-I- und/oder NRPS-Genen aufwiesen, zeigten auch einige seltene Aktinomyceten - *Actinophytocola, Gordonia, Pseudonocardia, Rhodococcus* und *Verrucosispora* - ähnliche Beobachtungen.

Ein Isolat von besonderem Interesse, *Actinophytocola* sp. K4-08, wurde durch trockene Wärmevorbehandlung 120°C, 60 min auf ISP4-Medium gewonnen. Dieser Actinomycete war eng verwandt mit *A. sediminis* (99 % Ähnlichkeit), der zuvor im Tiefseesediment des Südchinesischen Meeres gefunden wurde. Dieses Isolat besaß sowohl NRPS- als auch PKS-I-Biosynthesegene und zeigte vielversprechende antimikrobielle Aktivität gegen die Testorganismen. Über die antimikrobiellen Aktivitäten und biosynthetischen Fähigkeiten der Gattung *Actinophytocola* wurde bisher noch nie berichtet, was dieses Isolat zu einem vielversprechenden Kandidaten macht, der für die Entdeckung von Naturprodukten genutzt werden kann. Außerdem wurde festgestellt, dass mehrere Actinomyceten farbige, diffusionsfähige Pigmente produzieren (Abbildung 1). Die Produktion von diffusionsfähigem Pigment steht in der Regel im Zusammenhang mit der Melaninfreisetzung in das Medium und Pigmente spielen eine wichtige Rolle für das Überleben und Wachstum von Aktinomyceten (Parungao et al. 2007). Gelegentlich wurde auch über andere Pigmentfarben wie gelb, grün und blau berichtet und manchmal zeigen diese Pigmente antimikrobielle Aktivitäten. Neben Braun und Schwarz als den üblichen diffusionsfähigen Pigmenten, die aus Actinomyceten gewonnen wurden, wurden in ihrer Studie auch diffusionsfähige Pigmente in Blau, Orange, Pink, Violett und Gelb berichtet. Darüber hinaus besaß der Ethylacetat-Extrakt des violetten Pigments eine starke inhibitorische Aktivität gegen *B. subtilis, S. aureus* und *S. marcescens*.

Der nächste Standort in Pahang ist die Insel Tioman, die vom Südchinesischen Meer umgeben ist und als unerschlossene Quelle für seltene marine Actinomyceten gilt. Sabaratnam et al. (2008) berichteten über verschiedene Aktinomyceten, die aus marinen Schwämmen isoliert wurden, die auf Tioman Island gesammelt wurden, und identifizierten ausgewählte Isolate als *Actinoplanes* spp., *Micromonospora* spp, *Saccharomonospora* spp., *Salinispora* spp., *Sprilliplanes* spp. und *Verrucosispora* spp. In einer neueren Studie von Ng und Tan (2018) an marinem Sediment, das vom Pirate Reef, Tioman Island, gesammelt wurde, zeigten Analysen der 16S rRNA-Gensequenzen enge Beziehungen zu Mitgliedern von 18 Gattungen: *Actinomadura, Agromyces, Jishengella, Marinactinospora, Micromonospora, Mycobacterium, Nocardia, Nocardiopsis, Nonomuraea, Plantactinospora, Pseudonocardia, Rhodococcus, Saccharomonospora, Saccharopolyspora, Salinispora, Streptomyces,* und *Streptosporangium.* Außerdem waren fast die Hälfte der gefundenen Isolate *Streptomyces* spp. (47,97 %) und *Salinispora* spp. (23,58 %). Es folgte die Beschreibung der neuen Gattung *Marinitenerispora sediminis* gen. nov., sp. nov und auch dieses Bakterium besaß hemmende Aktivität gegen B. *subtilis,* S. *aureus* und E. *coli* (Ng et al. 2019). Eine weitere Aktinomyceten-Untersuchung von Zainal Abidin (2013) berichtete über das Vorkommen von Streptomyces- und Salinispora-Isolaten aus dem Meeressediment von Tioman Island (Abbildung 2). Die Streptomyces-Isolate zeigten eine starke antimikrobielle Aktivität und das Salinispora-Isolat zeigte eine starke antibakterielle Aktivität gegen pathogene MRSA. Ein bestimmtes Streptomyces-Isolat war in der Lage, bis zu 12% NaCl zu tolerieren, was auf seine Anpassung an die marine Umgebung hinweist. Tioman Island scheint ein Hotspot für Salinispora-Stämme zu sein, wie mehrere Studien zeigen, die das Vorhandensein dieses obligaten marinen Aktinomyceten als einheimischen Aktinomyceten im marinen Sediment von Tioman Island belegen. Ein weiterer Standort in Pahang ist Cherating, wo Ariffin et al. (2017) erfolgreich *Streptomyces* aus dem hier gelegenen Mangrovengebiet isolierten. Umfassende Studien zu Aktinomyceten an Orten in Pahang in Verbindung mit der Wiederherstellung seltener Aktinomyceten und der Beschreibung neuer Gattungen und Arten verdeutlichen das wahre Potenzial der Küstengewässer von Pahang als neue Ressourcen von Aktinomyceten mit biosynthetischen Fähigkeiten.

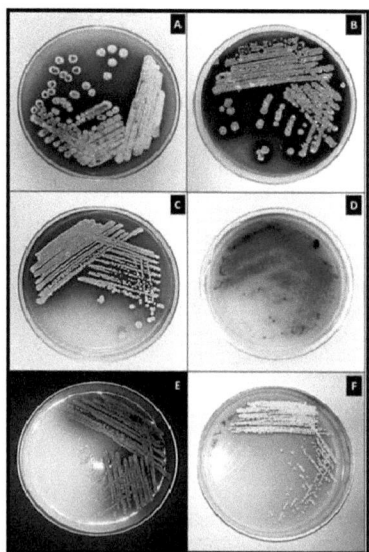

Abb. 1: Farbiges diffusionsfähiges Pigment aus Actinomyceten des Kuantan

Mangrovenwaldes

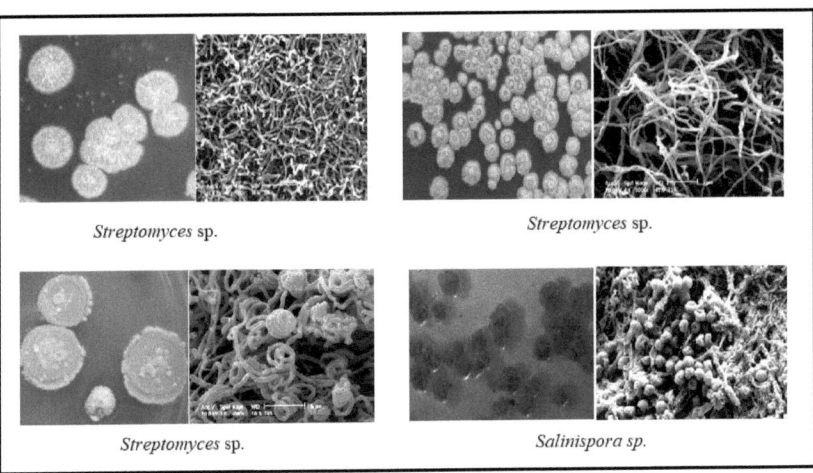

Streptomyces sp.

Streptomyces sp.

Streptomyces sp.

Salinispora sp.

Abb. 2: Koloniemorphologien und REM-Aufnahmen von Actinomyceten von Tioman Island

Es wurden jedoch nur wenige Studien zu Aktinomyceten aus den Küstengewässern von Terengganu und Kelantan durchgeführt. Ariffin et al. (2017) isolierten insgesamt 11 Actinomycetes-Isolate vom Chendering Strand in Terengganu und

7 Actinomyceten aus dem Mangrovensediment am Strand von Tok Bali, Kelantan, obwohl ihre Identität nicht bestimmt werden konnte. Ein weiterer Standort in Terengganu ist Bidong Island. Diese Insel war früher ein Flüchtlingslager für Vietnamesen und wurde für Touristen geöffnet, nachdem alle Flüchtlinge nach Vietnam repatriiert wurden. Kürzlich wurden bei kultivierbaren Bakterien, die mit verschiedenen Arten von Meeresschwämmen assoziiert sind, die in der Nähe von Bidong Island gesammelt wurden, *Brevibacterium* und *Kytococcus* unter den identifizierten Bakterienpopulationen gefunden (Tan et al. 2018). Als nächstes wurden in einer Studie, die sich auf Bakterien konzentrierte, die mit dem Schleim der *Acropora* cervicornis-Koralle assoziiert waren, ebenfalls auf Bidong Island *Actinomyces, Micrococcus varians, Micrococcus roseus* und *Micrococcus* sp. neben anderen Bakteriengruppen gefunden (Kalimuthu et al. 2007). Sicherlich gibt es weitere Untersuchungen zur Isolierung und Diversität von Actinomyceten in den Bundesstaaten Kelantan und Terengganu, über die jedoch noch nicht berichtet wurde. Zweifellos haben die Küstengewässer in Kelantan und Terengganu das Potenzial, neue Ressourcen von Actinomyceten mit potentiell neuen Verbindungen zu sein, die nur darauf warten, erforscht und entdeckt zu werden. Tabelle 1 fasst die Diversität der Aktinomyzeten und ihre Bioaktivität nach den einzelnen Bundesstaaten - Pahang, Terengganu und Kelantan - zusammen. Die Küstengewässer der Ostküste von Halbinsel-Malaysia haben tatsächlich das Potenzial, als neue Aktinomyzeten-Ressource erschlossen zu werden. Vielleicht können konzertierte und strategische Bemühungen verschiedener Forschungsgruppen, insbesondere zur Bioprospektion von Aktinomyceten an diesen Standorten, neue Stämme hervorbringen und zur Entdeckung einzigartiger bioaktiver Verbindungen führen.

Tabelle 1: Zusammenfassung der Actinomyceten aus den Küstengewässern von Pahang, Terengganu und Kelantan

Zustand	Gattung	Bioaktivität	Referenz
	Tanjung Lumpur		Lee et al. (2014a); Lee et al. (2014b);
		Antibakterielle	Lee et al. (2014c);
	Streptomyces, Mycobacterium, Leifsonia,	,	Lee et al. (2014d);
	Microbacterium, Sinomonas, Nocardia,	krebshemmen	Azman et al.
	Terrabacter,	de,	(2016); Mohamad
	Streptacidiphilus,	antioxidative	et al. (2015); Ser et
	Micromonospora, Rhodococcus,	und	al. (2015a); Ser et
	Gordonia, Nocardioides, Mumia flava,	neuroprotektiv	al. (2015b);
	Monashia flava	e Aktivitäten	Ser et al. (2016a); Ser et al. (2016b); Zainal Abidin et al. (2016); Azman et al. (2017); Ser et al. (2018)
Pahang			
	Kuantan Mangrovenwald		
	Pseudonokardien,		Abdul Malek et al.
	Verrucosispora, Nocardiopsis, Actinophytocola, Dietzia,		(2015); Zainal Abidin et
	Gordonia, Micrococcus, Mycobacterium,		al. (2018)
	Nocardia, Saccharopolyspora, Rhodococcus, Pseudonocardia, Nocardiopsis, Actinophytocola	Antimikrobiell	
	Insel Tioman		
	Actinoplanes, Micromonospora, Nocardia, Polymorphospora, Pseudonocardia,		
	Rhodococcus, Saccharomonospora, Salinispora, Sprilliplanes, Verrucosispora, Actinomadura, Agromyces, Jishengella, Marinactinospora, Mycobacterium, Nocardiopsis, Nonomuraea, Plantactinospora, Saccharopolyspora	Antimikrobiell	Sabaratnam et al. (2008); Zainal Abidin (2013); Ng & Tan (2018); Ng et al. (2019)

	, *Streptosporangium,* *Streptomyces,* *Marinitenerispora sediminis* __Cherating__	Antibakteriell	Ariffin et al. (2017)
	Streptomyces		
Terenggan u	__Insel Bidong__ *Brevibacterium, Kytococcus, Actinomyces, Micrococcus*	Nicht bestimmt	Kalimuthu et al. (2007); Tan et al. (2018)
	__Chendering__ Unbekannt	Antibakteriell	Ariffin et al. (2017)
Kelantan	__Tok Bali Strand__ Unbekannt	Nicht bestimmt	Ariffin et al. (2017)

SCHLUSSFOLGERUNG

Die Beschreibung neuer Gattungen und Arten aus den Küstengewässern der Ostküste der malaysischen Halbinsel zeigte die Perspektive der Aktinomyzeten aus den Küstengewässern von Pahang, Terengganu und Kelantan und die mögliche Anwendung in der Naturstoffforschung. Obwohl Studien über Actinomyceten aus diesen Bundesstaaten noch fehlen, haben diese Standorte das Potenzial, Hotspots für neue Actinomyceten und neue Verbindungen zu sein. Die Forschung an Aktinomyceten sollte über die Diversität und biologische Screening-Aktivitäten hinausgehen und versuchen, die Reinigung und Strukturaufklärung bioaktiver Verbindungen voranzutreiben sowie neue Wege zu beschreiten, wie z. B. Genom-Mining, Next Generation Sequencing (NGS), Metabolomics und Proteomics, um kryptische biosynthetische Wege in der Produktion von Sekundärmetaboliten aufzudecken.

REFERENZEN

Abdul Malek, N., Zainuddin, Z., Chowdhury, A.J.K., Zainal Abidin, Z.A. (2015). Diversity and antimicrobial activity of mangrove soil actinomycetes isolated from Tanjung Lumpur, Kuantan, *Jurnal Teknologi,* 77(25), 37-43.

Ariffin, S., Abdullah, M.F.F., Mohamad, S.A.S. (2017). Identification and Antimicrobial Properties of Malaysian Mangrove Actinomycetes, *Int. J. on Advanced Science Engineering Information Technology,* 7(1), 71-77.

Ayuso-Sacido, A. und Genilloud, O. (2005). New PCR Primers for the screening of NRPS and PKS-I systems in actinomycetes: detection and distribution of these biosynthetic gene sequences in major taxonomic groups, *Microbial Ecology*, 49, 10-24.

Azman, A. S., Iekhsan, O., Velu, S. S., Chan, K. G. und Lee, L. H. (2015). Mangrove rare actinobacteria: taxonomy, natural compound, and discovery of bioactivity, *Frontiers in Microbiology*, 6, 85601- 85615.

Azman, A. S., Zainal, N., Ab Mutalib, N.S., W.F. Chan, K. G. und Lee, L.H. (2016). *Monashia flava* gen. nov., sp. nov., an actinobacterium of the family Intrasporangiaceae, *Int J Syst Evol Microbiol*, 66, 554-561.

Azman, A. S., Othman, I., Fang, C.M., Chan, K. G., Goh, B.H., Lee, L.H. 2017. Antibacterial, Anticancer and Neuroprotective Activities of Rare Actinobacteria from Mangrove Forest Soils, *Indian J Microbiol*, 57(2),177-187.

Berdy, J. (2005). Bioactive microbial metabolites, *The Journal of Antibiotics*, 58,1-26.

Bredholt, H., Fjaervik, E., Johnsen, G. und Zotchev, S. B. (2008). Actinomycetes from sediments in Trondheim Fjord, Norway: diversity and biological activity, *Marine Drugs*, 6, 12-24.

Chaudhary, H. S., Soni, B., Shrivastava, A. R. und Shrivastava, S. (2013). Diversity and versatility of actinomycetes and its role in antibiotic production, *Journal of Applied Pharmaceutical Science*, 3: S83-S94.

Demain, A. L. und Sanchez, S. (2009). Microbial drug discovery: 80 years of progress. *The Journal of Antibiotics*, 62: 5-16.

Fidor, A., Konkel, R. und Mazur-Marzec, H. (2019). Bioactive Peptides Produced by Cyanobacteria of the Genus Nostoc: A Review, *Mar. Drugs,* 17, 561 doi:10.3390/md17100561

Genilloud, O., Gonzalez, I., Salazar, O., Martin, J., Tormo, J. R. und Vicente, F. (2011). Current approaches to exploit actinomycetes as a source of natural products, *Journal of Industrial Microbiology and Biotechnology*, 38, 375-389.

Gontang, A. E., Gaudencio, S. P., Fenical, W. und Jensen, P. R. (2010). Sequence-based analysis of secondary-metabolite biosynthesis in marine actinobacteria, *Applied and Environmental Microbiology*, 76, 2487-2499.

Goodfellow, M. (2010). Selective Isolation of Actinobacteria. *In* Baltz, D. R. H. and Davies, J. (Eds.), *Manual of Industrial Microbiology and Biotechnology*. (3rd ed., pp. 13-27). Washington DC: ASM Press.

Goodfellow, M. und Fiedler, H. P. (2010). A guide to successful bioprospecting: informed by actinobacterial systematics, *Antonie Van Leeuwenhoek*, 98, 119-142.

Goodfellow, M. und Williams, S. T. (1983). Ecology of actinomycetes, *Annual Review of Microbiology*, 37, 189-216.

Hames, E. E. und Uzel, A. (2012). Isolation strategies of marine-derived actinomycetes from sponge and sediment samples, *Journal of Microbiological Methods*, 88, 342-347.

Hong, K., Gao, A. H., Xie, Q. Y., Gao, H., Zhuang, L., Lin, H. P., Yu, H. P., Li, J., Yao, X. S., Goodfellow, M. und Ruan, J. S. (2009). Actinomycetes for marine drug discovery isolated from mangrove soils and plants in China, *Marine Drugs*, 7, 24-44.

Jeffrey, L. S. H., Sahilah, A. M., Son, R. und Tosiah, S. (2007). Isolation and screening of actinomycetes from Malaysian soil for their enzymatic and antimicrobial activities, *Journal of Tropical Agriculture and Food Science*, 1, 159-164.

Jeffrey, L. S. H. (2008). Isolierung, Charakterisierung und Identifizierung von Actinomyceten aus landwirtschaftlichen Böden in Semongok, Sarawak. *African Journal of Biotechnology*, 7, 3697-3702.

Jeffrey, L. S. H. (2011). Presecreening of bioactivities from actinomycetes isolated from forest peat soil of Sarawak, *Journal of Tropical Agriculture and Food Science*, 39, 245-253.

Jeffrey, L. S. H. und Halizah, H. (2014). Biological active compounds from actinomycetes isolated from soil of Langkawi Island, Malaysia, *African Journal of Biotechnology*, 13, 4523-4528.

Jimenez, J. T., Sturdikova, M. und Sturdik, E. (2010). Bioactive marine and terrestrial polyketide and peptide secondary metabolites and perspectives of their biotechnological production, *Acta Chimica Slovaca*, 3, 103-119.

Jose, P.A. und Jha, B. (2016). New Dimensions of Research on Actinomycetes: Quest for Next Generation Antibiotics, *Front. Microbiol.* 7:1295. doi: 10.3389/fmicb.2016.01295.

Kalimutho, M., Ahmad, A. und Kassim, Z. (2007). Isolation, Characterization and Identification of Bacteria associated with Mucus of *Acropora cervicornis* Coral from Bidong Island, Terengganu, Malaysia, *Malaysian Journal of Science* 26 (2), 27 - 39.

Khanna, M., Solanki, R. und Lal, R. (2011). Selective isolation of rare actinomycetes producing novel antimicrobial compounds, *International Journal of Advanced Biotechnology and Research*, 2, 357- 375.

Kouadri, F.; Al-Aboudi, A., and Jorani, H.K., (2014). Antimicrobial activity of Streptomyces sp. isolated from the Gulf of Aqaba-Jordan and screening for NRPS, PKS-I and PKS-II genes, *African Journal of Biotechnology*, 13(34), 3505-3515

Kurtboke, D. I. (2012). Biodiscovery from rare actinomycetes: an eco-taxonomical perspective, *Applied Microbiology and Biotechnology*, 93, 1843-1852.

Lam, K. S. (2006). Discovery of novel metabolites from marine actinomycetes, *Current Opinion in Microbiology*, 9, 245-251.

Lee, L. H., Nurullhudda, Z. Adzzie-Shazleen, A., Eng, S. K., Goh, B. H., Yin, W. F., Nurul-Syakima, A. M. und Chan, K. G. (2014a). Diversity and antimicrobial activities of actinobacteria isolated from tropical mangrove sediments in Malaysia, *The Scientific World Journal*, 10, 1-14.

Lee, L. H., Nurullhudda, Z. Adzzie-Shazleen, A., Eng, S. K., Nurul-Syakima, A. M., Yin, W.F. und Chan, K. G. (2014b). *Streptomyces pluripotens* sp. nov., a bacteriocin-producing streptomycete that inhibits meticillin-resistant *Staphylococcus aureus*, *Int J Syst Evol Microbiol*, 64, 3297-3306.

Lee, L. H., Nurullhudda, Z. Adzzie-Shazleen, A., Nurul-Syakima, A. M., Hong, K. and Chan, K. G. (2014c). *Mumia flava* gen. nov., sp. nov., an actinobacterium of the family Nocardioidaceae, *Int J Syst Evol Microbiol* 64: 1461-1467.

Lee, L. H., Adzzie-Shazleen, A., Nurullhudda, Z. Eng, S.K., Nurul-Syakima, A. M., Yin, W.F. und Chan, K. G. (2014). *Microbacterium mangrovi* sp. nov., an amylolytic actinobacterium isolated from mangrove forest soil, *Int J Syst Evol Microbiol* 64, 3513-3519.

Lee, L. H., Adzzie-Shazleen, A., Nurullhudda, Z., Yin, W.F., Nurul-Syakima, A. M., and Chan, K. G. (2015). *Sinomonas humi* sp. nov., an amylolytic actinobacterium isolated from mangrove forest soil, *Int J Syst Evol Microbiol*, 65, 996-1002.

Liu, T., Wu, S., Zhang, R., Wang, D., Chen, J. und Zhao, J. (2019). Diversität und antimikrobielles Potenzial von Actinobakterien, isoliert aus verschiedenen marinen Schwämmen entlang des Beibu-Golfs im Südchinesischen Meer, *FEMS Microbiology Ecology*, 95(7) doi: 10.1093/femsec/fiz089

Lo, C. W., Lai, N. S., Cheah, H. Y., Wong, N. K. I. und Ho, C. C. (2002). Actinomycetes isolated from soil samples from the Crocker range Sabah, *ASEAN Review of Biodiversity and Environmental Conversation*, 9, 1-7.

Miller, B.R., Drake, E.J, Shi, C., Aldrich, C.C. und Gulick, A.M. (2016). Structures of a Nonribosomal Peptide Synthetase Module Bound to MbtH-like Proteins Support a Highly Dynamic Domain Architecture, *The Journal of Biological Chemistry* 291(43), 22559 -22571.

Mohamad, N.H., Chowdhury, A.J.K. und Zainal Abidin, Z.A. (2015). Selective isolation of Actinomycetes from mangrove sediment of Tanjung Lumpur, Kuantan, Malaysia, *Malaysian Journal of Microbiology*, 11(2), 144-155.

Muramatsu, H., Murakami, R., Ibrahim, Z. H., Murakami, K., Shahab, N. und Nagai, K. (2011). Phylogenetic diversity of acidophilic actinomycetes from Malaysia, *The Journal of Antibiotics*, 64, 621-624.

Murphy, D. V., Stockdale, E. A., Brookes, P. C. und Goulding, K. W. T. (2007). Einfluss von Mikroorganismen auf chemische Transformationen im Boden. *In* Abbot, L. K. and Murphy, D.

93

V. (Eds.). *A Key to Sustainable Land Use in Agriculture.* (1st ed., pp. 37-59). New York: Springer.

Naikpatil, S. V. und Rathod, J. L. (2011). Selective isolation and antimicrobial activity of rare actinomycetes from mangrove sediment of Karwar, *Journal of Ecobiotechnology,* 3, 48-53.

Ng, Z.Y. und Tan, G.Y.A. 2018. Selektive Isolierung und Charakterisierung neuer Mitglieder der Familie Nocardiopsaceae und anderer Actinobakterien aus einem marinen Sediment der Insel Tioman, *Antonie van Leeuwenhoek* 111, 727-742.

Ng, Z.Y., Fang, B.Z., Li, W.J. und Tan, G.Y.A. (2019). *Marinitenerispora sediminis* gen. nov., sp. nov., a member of the family Nocardiopsaceae isolated from marine sediment *Int J Syst Evol Microbiol,* 69, 3031-3040.

Numata, K. und Nimura, S. (2003). Zugang zu Boden-Actinomyceten in malaysischen tropischen Regenwäldern, *Actinomycetologica,* 17, 54-56.

Parungao, M. M., Maceda, E. B. G. und Vilano, M. A. F. (2007). Screening of antibiotic-producing actinomycetes from marine, brackish and terrestrial sediments of Samal Island, Philippines, *Journal of Research in Science, Computing and Engineering,* 4, 29-38.

Sabaratnam, V., Christabel, L.J., Thong, K.L., Tan, G.Y.A., Affendi, Y.A. (2008). *Schwämme von Tioman und ihre Aktinomyzeten-Bewohner.* In: Naturgeschichte der Pulau Tioman Inselgruppe. IOES monograph series. University of Malaya, Kuala Lumpur, S. 35-41. ISBN 9789839576351

Saini, A., Aggarwal, N.K., Sharma, A. und Yadav, A. (2015). Actinomycetes: A Source of Lignocellulolytic Enzymes, *Enzyme Research,* 20, 1-15.

Ser, H.L., Zainal, N. Palanisamy, U.D., Goh, B.H., Yin, W.F., Chan, K.G. Lee, L.H. (2015a). *Streptomyces gilvigriseus* sp. nov., a novel actinobacterium isolated from mangrove forest soil, *Antonie van Leeuwenhoek,* 107,1369-1378.

Ser, H.L., Palanisamy U.D., Yin W.F., Abd Malek S.N., Chan K.G., Goh B.H. and Lee L.H. (2015b). Presence of antioxidative agent, Pyrrolo[1,2-a] pyrazine-1,4-dione, hexahydro- in newly isolated *Streptomyces mangrovisoli* sp. nov., *Front. Microbiol.* 6, 854. doi: 10.3389/fmicb.2015.00854

Ser, H.L., Tan, L.T.H., Palanisamy, U.D., Abd Malek, S.N., Yin, W.F., Chan, K.G., Goh, B.H. und Lee, L.H. (2016a) *Streptomyces antioxidans* sp. nov., a Novel Mangrove Soil Actinobacterium with Antioxidative and Neuroprotective Potentials, *Front. Microbiol.* 7:899. doi: 10.3389/fmicb.2016.00899

Ser, H.L., Palanisamy, U.D., Yin, W.F., Chan, K.G., Goh, B.H. und Lee, L.H. (2016b). *Streptomyces malaysiense* sp. nov: A novel Malaysian mangrove soil actinobacterium with antioxidative activity and cytotoxic potential against human cancer cell lines, *Scientific Reports* 6, 24247 doi: 10.1038/srep24247

Ser, H.L., Yin, W.F., Chan, K.G, Goh, B.H., Lee, L.H. 2018. Antioxidant and cytotoxic potentials of *Streptomyces gilvigriseus* MUSC 26T isolated from mangrove soil in Malaysia, *Prog Microbes Mol Biol* 1(1), a0000002.

Serrano-Gonzalez, M.Y., Chandra, R., Castillo-Zacarias, C., Robledo-Padilla, F., Rostro-Alanis, M.J., Parra-Saldivar, R. (2018). Biotransformation and degradation of 2,4,6-trinitrotoluene by microbial metabolism and their interaction, *Defence Technology,* 14, 151-164.

Subramani, R. und Sipkema, D. (2019). Marine Rare Actinomycetes: A Promising Source of Structurally Diverse and Unique Novel Natural Products, *Marine Drugs,* 17, 249; doi:10.3390/md17050249

Subramani, R. und Aalsberg, W. (2013). Culturable rare actinomycetes: diversity, isolation and marine natural product discovery, *Applied Microbiology and Biotechnology,* 97, 9291-9321.

Tan, S.M.A., Amirul, A.A., Saidin, J. und Bhubalan, K. (2018). Identification of Cultivable Bacteria from Tropical Marine Sponges and Their Biotechnological Potentials, *Tropical Life Sciences Research,* 29(2), 187-199.

Theobald, S., Vesth, T.C. und Andersen, M.R. (2019). Genus level analysis of PKS-NRPS and NRPS-PKS hybrids reveals their origin in Aspergilli, *BMC Genomics,* 20,847.

Tian, J., Chen, H., Guo, Z., Liu, N., Li, J., Huang, Y., Xiang, W. and Chen, Y. (2016). Discovery of pentangular polyphenols hexaricins A-C from marine *Streptosporangium* sp. CGMCC 4.7309 by genome mining, *Appl Microbiol Biotechnol,* 100, 4189-4199.

Timková, I., Jana Sedláková-Kaduková, J. und Prista, P (2018). Biosorption and Bioaccumulation Abilities of Actinomycetes/Streptomycetes Isolated from Metal Contaminated Sites, *Separations,* 5(54); doi:10.3390/separations5040054

Ting, A. S. Y., Tan, S. H. und Wai, M. K. (2009). Isolierung und Charakterisierung von Actinobakterien mit antibakterieller Aktivität aus Boden und Rhizosphäre. *Australian Journal of Basic and Applied Sciences,* 3, 4053-4059.

Ting, A. S. Y., Hermanto, A. und Peh, K. L. (2014). Indigenous actinomycetes from empty fruit bunch compost of oil palm: evaluation on enzymatic and antagonistic properties, *Biocatalysis and Agricultural Biotechnology,* 3, 310-315.

Tiwari, K. und Gupta, R. K. (2013). Diversity and isolation of rare actinomycetes: an overview, *Clinical Reviews in Microbiology,* 39, 256-294.

Ventura, M., Chancaya, C., Tauch, A., Chandra, G., Fitzgerald, G. F., Chater, K. F. und Sinderen, D. V. (2007). Genomics of actinobacteria: tracing the evolutionary history of an ancient phylum, *Microbiology and Molecular Biology Reviews,* 71, 495-548.

Zainal, N., Ser, H.L., Yin, W.F., Tee, K.K., Lee, L.H., Chan, K.G. 2016. *Streptomyces humi* sp. nov., ein Actinobakterium isoliert aus dem Boden eines Mangrovenwaldes, *Antonie van Leeuwenhoek,* 109, 467-474.

Zainal Abidin, Z.A. Actinomycetes Diversity and Characterisation of Bioactive Compounds of *Streptomyces* from Malaysian Marine Environment. PhD Thesis. Universiti Kebangsaan Malaysia. 2013. 247p.

Zainal Abidin, Z.A., Abdul Malek, N., Zainuddin, Z., Chowdhury, A.J.K. (2015). Selective isolation and antagonistic activity of actinomycetes from mangrove forest of Pahang, Malaysia, *Frontiers in Life Science,* 9(1), 24-31

Zainal Abidin, Z.A., Chowdhury, A.J.K., Abdul Malek, N., Zainuddin, Z. (2018). Diversity, Antimicrobial Capabilities, and Biosynthetic Potential of Mangrove Actinomycetes from Coastal Waters in Pahang, Malaysia, *Journal of Coastal Research* 82, 174-179.

Zhi, X. Y., Li, W. J. und Stackebrandt, E. (2009). An update of the structure and 16S rRNA gene sequence- based definition of higher ranks of the class *Actinobacteria*, with the proposal of two new suborders and four new families and emended description of the existing higher taxa, *International Journal of Systematic and Evolutionary Microbiology,* 59, 589-608.

Zin, N. M., Sarmin, N. I. M., Ghadin, N., Basri, D. F., Sidik, N. M., Hess, W. M. und Strobel, G. A. (2007). Bioactive endophytic streptomyces from the Malay Peninsula, *FEMS Microbiology Letters,* 274, 83-88.

Klimawandel und Küstenverteidigung in Malaysia: Ein Überblick

Muhammad Zahir Ramli1*, Muhammad Adil Ramzi2, Muhamad Syafiq Safwan2, Nur Adawiyah Isa2, Minhalina Ahmad2, Nur Azierah Samsu Bahari2, Kamaruzzaman, B.Y1

1Abteilung für Meereswissenschaften, Kulliyyah of Science, International Islamic University Malaysia, 25200 Kuantan, Pahang, Malaysia
2Institut für Ozeanographie & Maritime Studien, Kulliyyah of Science, International Islamic University Malaysia, 25200 Kuantan, Malaysia
Korrespondierender Autor: mzbr@iium.edu.my

ABSTRACT

Küstengebiete auf der ganzen Welt sind durch die rasche Entwicklung und Ausdehnung für Wohn-, Industrie- und Tourismusgebiete mit einem Anstieg der Bevölkerungszahlen konfrontiert. Etwa 50 % der Weltbevölkerung leben in Küstengebieten. Mit dem aktuellen Klimawandel sind die Küstengebiete dem Anstieg des Meeresspiegels und Überschwemmungen ausgesetzt, was für tief liegende Regionen eine Katastrophe bedeuten könnte. Viele Länder haben Pläne zur Abschwächung des Klimawandels und zur Anpassung an den Klimawandel entwickelt, wobei die meisten Ansätze die Veränderung der natürlichen Küstenlinie durch den Bau von Küstenschutzanlagen beinhalten. Es gibt viele Schlüsselstrategien bei der Implementierung des Küstenschutzes mit dem Ziel, die Auswirkungen auf die Küstenlinie zu reduzieren oder zu minimieren. Diese Übersicht gibt einen Einblick in die verschiedenen Ansätze des Küstenschutzes in Malaysia, wobei der Schwerpunkt auf Erosion oder Überflutung, morphologischen Bedingungen und Landnutzung liegt. Dieser Artikel hebt auch die notwendigen Verbesserungen hervor, um den Auswirkungen des Meeresspiegelanstiegs zu widerstehen. Diese Übersicht wird Forschern zugute kommen, die die Schlüsselparameter bei der Strukturgestaltung des Küstenschutzes erforschen möchten.

Stichworte: Klimawandel, Küstenschutz, Erosion, Überflutung, Küstenmanagement.

EINLEITUNG

Küstengebiete sind empfindliche Umgebungen, die ständig schädlichen Bedrohungen ausgesetzt sind. Diese Bedrohungen resultieren in der Regel aus der massiven Entwicklung und schnellen Urbanisierung der Küstengebiete sowie aus natürlichen Phänomenen wie dem Klimawandel und dem Anstieg des Meeresspiegels. Aus diesem Grund wurden zahlreiche Initiativen ergriffen, um die Probleme der Küstengebiete zu bewältigen, insbesondere was die Erosion der Küstenlinie betrifft. Entlang der betroffenen Küstenlinien in Malaysia wurden zahlreiche Küstenschutzbauten errichtet. Diese Strukturen umfassen sowohl weiche als auch harte technische Strukturen. In erster Linie können durch den Bau von Küstenschutzanlagen Erosion und Überflutung von hochwertigen Küstenlinien verhindert und reduziert werden, Strände und zurückgewonnenes Land können stabilisiert und der Freizeitwert der Küste erhöht werden. Auf globaler Ebene hängt die Verbreitung von künstlichen Küstenschutzstrukturen in der Meeresumwelt hauptsächlich mit der Anpassung an den Klimawandel zusammen, die gleichzeitig mit der zunehmenden kommerziellen und Freizeitnutzung der Küstenzonen Schritt halten soll.

Ohne eine angemessene Planung und Gestaltung vor dem Bau der Küstenschutzanlagen sowie mangelnde Wartung können jedoch in bestimmten Zeiträumen nach dem Bau zahlreiche Probleme auftreten. Eines der Hauptprobleme ist die Unterbrechung des litoralen Sedimenttransports, was schließlich zur Sedimentablagerung führen kann. Außerdem kann eine unsachgemäße Konstruktion zum Einsturz der Küstenschutzbauwerke beitragen. Vor allem aber deuten diese Probleme auf ein

Versagen der Strukturen hin und stellen somit eine größere Herausforderung für das Küstenmanagement dar. Daher sollen in diesem Bericht verschiedene Komponenten diskutiert werden, darunter die größten Bedrohungen für die Küstenzonen, die in Malaysia errichteten Küstenschutzstrukturen, die Herausforderungen für die Küstenschutzstrukturen sowie bestimmte Vorschläge zur Überwindung der bestehenden Herausforderungen.

Große Bedrohungen für Küstengebiete

Die Küstenzonen erfahren enorme Veränderungen durch natürliche und anthropogene Einflüsse. Diese Einflüsse haben direkt und indirekt die Stabilität der Küstenlinien gestört. Die Erosion der Küstenlinie ist eine der größten Bedrohungen. Das Ungleichgewicht zwischen der Zu- und Abfuhr von Materialien, die hauptsächlich von Sedimenten dominiert werden, in und aus einem Küstengebiet kann als Küstenerosion erkannt werden (Najib, Ab Ghani, Abdullah & Ahmad, 2017). Eine erodierte Küstenlinie kann im Allgemeinen durch die landwärtige Verschiebung der Küstenlinie erkannt werden. Basierend auf der National Coastal Erosion Study 1984 waren etwa 29 % oder 1.380 km der malaysischen Küstenlinien von Erosionsproblemen betroffen, wobei 52 % davon auf der Halbinsel Malaysia auftraten (Ministry of Natural Resources and Environment, 2009). Die Urbanisierung entlang der Küstenzonen ist einer der Hauptverursacher. Die Küstengebiete in Malaysia sind zum Zentrum städtischer und ländlicher Wirtschaftsaktivitäten geworden, wobei bis zu 70 % der malaysischen Bevölkerung in den Küstengebieten leben (Najib et. al., 2017).

Abgesehen davon gehören auch natürliche Komponenten wie Wind, Wellen, Gezeiten und Strömungen zu den Verursachern der Küstenerosion. In bestimmten Monaten des Jahres ist die Halbinsel Malaysia besonders anfällig für windbedingte Phänomene, die als Monsunzeiten bekannt sind. Diese Phänomene verschlimmern dann die Probleme der Küstenerosion. Eine Studie zeigt, dass die Fälle von Küstenerosion auf der Halbinsel Malaysia von 2013 bis 2017 zugenommen haben (Yanalagaran, et al. 2019). Im Allgemeinen kann eine signifikante Korrelation zwischen den durchschnittlichen Windgeschwindigkeiten und der Anzahl der Erosionsfälle beobachtet werden (Abbildung 1). Es wird festgestellt, dass in den Monaten Februar und Dezember die höchsten Fälle von Küstenerosion mit der schnellsten durchschnittlichen Windgeschwindigkeit ausgerichtet sind. Diese beiden Monate fallen in die Dauer der Nordostmonsun-Saison, die zwischen November und März liegt. Auf der anderen Seite werden während des Südwestmonsuns, der zwischen Mai und September herrscht, die wenigsten Erosionsfälle mit einigen Schwankungen beobachtet. Mit anderen Worten, das Auftreten des Nordostmonsuns hat größere Auswirkungen auf die Küstenerosion auf der malaysischen Halbinsel als der Südwestmonsun.

Darüber hinaus leiden neun der 14 Bundesstaaten auf der Halbinsel Malaysia unter Küstenerosionsproblemen. Zu diesen Staaten gehören Johor, Melaka, Negeri Sembilan, Kelantan, Pahang, Pulau Pinang, Perak, Selangor und Terengganu (Tabelle 1). In Malaysia sind laut der National Coastal Erosion Study 2015 bis zu 44 Strände insgesamt von Erosion betroffen und wurden in die Kategorie 1 eingestuft, die als kritische Fälle bezeichnet wird (Department of Irrigation and Drainage Malaysia, 2015).

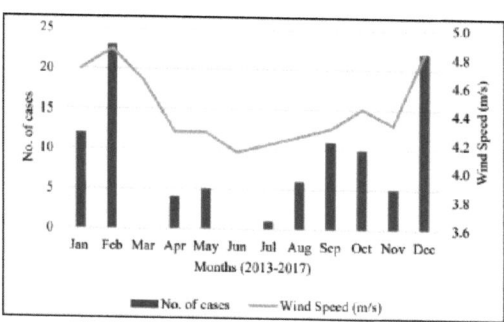

Abb. 1: Diagramme der Windgeschwindigkeit und Anzahl der Küstenerosionsfälle auf der Halbinsel Malaysia (Yanalagran et al., 2019)

Tabelle 1: Länge der erodierten Küstenlinie an verschiedenen Stränden in Malaysia

Zustand	Strand	Länge der erodierten Küstenlinie (m)
Kedah	Pantai Pasir Hitam	345.5
	Kampung Penarek	134.1
	Kampung Padang Salin	649.5
Pulau Pinang	Persiaran Bayan Indah	1138.4
	Taman Molek	438.7
	Persiaran Bayan Mutiara	610
	Kampung Benggali	263
	Kampung Kuala Muda	598.1
	Westlich von Kampung Benggali	828.1
	Kampung Permatang Rawa	1678.1
Perak	Kuala Kurau	1861
Selangor	Kampung Batu Laut	1384.9
	Pantai Jeram - Pantai Remis	3438.5
Negeri Sembilan	Pantai Teluk Kemang, Batu 8	2314.7
	Taman Tuah Batu	1621.8
	The Regency Tanjung Tuan Beach Resort, Batu 5	459.1
	Kampung Gelam	264
	PD Waterfront	131.9
	Bezirksamt Port Dickson	734.4
Melaka	Kampung Portugis	219.4
Pahang	Pantai Cherating	1004.7
	Taman Gelora	497.6
Terengganu	Kampung Teluk Budu	1763
	Taman Geliga	1921
	Pantai Kemasik	308
	Pantai Seberang Takir	935
	Pantai Teluk Lipat	802
	Pantai Paka (Sandgrube)	2557
	Kampung Pak Tuyu	16426
	Kampung Aur	1657
Kelantan	Pantai Kundor-Pantai Cahaya Bulan	952
	Pantai Mek Mas	997
Sarawak	Nordöstlich von Sungai Maludam	2286.5
	Südlich von Tanjung Bungai	3557.1
	Tanjung Paloh	3865.2
	Kampung Semarang	3484.2
	Kampung Santubong	408.2
	Kampung Buntal	1527.7
	Sebangan Bajong (Kampung Sungai Rama)	3465.4
Sabah	Jalan Putatan	841.6
	Kampung Marasimsim	814.8
	Tanjung Tunku	1314.4
Pulau Labuan	Pantai Sungai Pagae bei Labuan	597.2

Küstenverteidigung allgemein

Das Küstengebiet ist eine dynamische Zone, die stark bevölkert und in der Regel mit wirtschaftlichen Aktivitäten wie Häfen, Tourismusindustrien und anderer Infrastruktur aktiv ist. Abgesehen davon beherbergt der Küstenbereich auch viele Meerestiere und -pflanzen wie Mangroven, Korallen, Dugongs und viele mehr. Allerdings haben die Entwicklungen entlang der Küste heutzutage Druck auf das Gebiet ausgeübt. Küstenerosion ist das häufigste Problem, das in Küstengebieten auftritt. Nach Foti et al. (2020) ist die Küstenerosion die Folge menschlicher Aktivitäten und unausgewogener natürlicher Veränderungen durch dynamische Einwirkungen wie Wellen, Strömungen und Winde, die zu einem Rückgang und Sedimentverlust im Küstengebiet führen. Darüber hinaus sind anthropogene Aktivitäten wie Urbanisierung, Sandabbau und Wasserressourcenprojekte die Hauptfaktoren für die Küstenerosion, da diese Aktivitäten den Sedimenttransport stören und reduzieren, um den Strandbereich zu erreichen.

Die Küstenschutzbauwerke können in zwei Kategorien eingeteilt werden: harte Ingenieurbauwerke und weiche Ingenieurbauwerke. Zur ersten Kategorie gehören Bauwerke wie Deiche, Buhnen, Molen sowie Wellenbrecher (Hamakareem, 2012). In der Zwischenzeit gehören die Installation von geotextilen Strukturen, künstlichen Riffen, hydraulischen Pfählen, Trockenlegung von Stränden, Bypassing und Strandnourishment zu den gängigen Methoden, die für die weichen Ingenieurstrukturen angewendet werden (Atlantic Network for Coastal Risks Management, 2017). Obwohl alle diese Strukturen eine ähnliche Rolle beim Schutz der empfindlichen Küstengebiete spielen, variiert ihre Installation je nach den unterschiedlichen Bedürfnissen und Situationen.

Rolle der Küstenverteidigung in Malaysia Halbinsel Malaysia
Halbinsel Ostküste

Die Ostküste Malaysias ist im Vergleich zur Westküste die erosionsgefährdetste Region, daher wurden in dieser Zone mehr Küstenschutzanlagen gebaut. Im nördlichen Teil der Ostküste Malaysias ist Terengganu einer der Staaten, der während der Monsunzeit am meisten betroffen ist. Terengganu hat verschiedene Küstenverteidigungsanlagen wie Wellenbrecher, Buhnen und Steinverkleidungen errichtet. Laut Ariffin et al. (2019) erlebt die Küste von Kuala Terengganu eine jährliche Monsunzeit, die die Implementierung von Küstenschutzanlagen erfordert, um den Küstenbereich vor Erosion zu schützen. Abgesehen davon sollen die Küstenstrukturen, die in dieser Region gebaut werden, auch die Auswirkungen der Küstenentwicklung reduzieren. Laut Syakir et al. (2020) wurden in der Nähe von Kuala Nerus auf einer Länge von ca. 4 km mehrere Küstenschutzanlagen gebaut, um die Auswirkungen der Erosion durch die Entwicklung des Sultan Mahmud Flughafens zu verringern.

Als Nächstes implementierte Pahang auch die Küstenverteidigung, um das Erosionsproblem zu reduzieren, das hauptsächlich auf der Monsunzeit und den starken Abfluss des Pahang-Flusses zurückzuführen ist. Laut Amri Mohd et al. (2018) ist die Küstenregion von Pahang von Cherating bis Pekan anfällig für den Nordostmonsun, während Kuala Pahang aufgrund des hohen Sedimentfracht des Pahang-Flusses ein Erosionsproblem der Stufe 5 hat. Wellenbrecher und Steinschüttungen wurden vor allem im Hafen von Tg Gelang und Kuala Pahang errichtet, wo diese beiden Gebiete stark beschädigt wurden. Im südlichen Teil der Ostküste, in Tanjung Piai in Johor, gibt es aufgrund der Schifffahrt und des Küstenausbaus starke Erosionsprobleme. Um die Ausdehnung der Erosion einzudämmen, wurden verschiedene Küstenschutzmaßnahmen wie Geotextilsäcke, Steinverkleidungen, Geotextilschläuche und weiche Felsverkleidungen eingesetzt. Laut Awang, Jusoh & Hamid (2014) wurden seit 2003 eine Reihe von Küstenschutzmaßnahmen durchgeführt, beginnend mit geotextilen Säcken und Dämmen im Jahr 2007 bis hin zu einem Felsdeckwerk aus weichem Gestein im Jahr 2010, wobei das Erosionsproblem bis zum Ramsar-Gebiet immer noch anhält.

Halbinsel Ostküste

Die Westküste der malaysischen Halbinsel ist im Vergleich zur Ostküste einer geringeren Wellenbelastung durch das offene Meer ausgesetzt. Allerdings wurde die Küstenerosion der Westküstenregion aufgrund der starken Schifffahrtsaktivität entlang der Meerenge und der Entfernung von Mangroven für die Küstenentwicklung gemeldet. Nach Shin, Kim, Hakam, & Istijono, (2019), wird der Küstenbereich der Westküste von Mangrovenhabitaten dominiert. Seit den 1980er Jahren hat sich jedoch die Menge der Mangroven entlang der Küste aufgrund der Küstenentwicklung verringert, was die Küstenerosion. Die Umsetzung des Küstenschutzes an der Westküste geht eher in Richtung Soft Engineering, um das Wachstum der Mangroven als natürliche Barriere zu unterstützen. Darüber hinaus verhindern konventionelle Methoden wie Betondeckwerke zwar die Küstenerosion, fördern aber nicht die natürliche Sedimentanreicherung. Daher ist ein Soft-Engineering-Ansatz vorzuziehen und für das schlammige Flachsediment in der Westküstenregion geeignet. Die Implementierung von Georöhren-Wellendämmen in Sungai Haji Dorani Selangor hat sich beispielsweise als erfolgreich erwiesen, da Georöhren-Wellendämme in Gebieten mit geringeren hydrodynamischen Kräften besser geeignet sind. Als Nächstes sind Mangrovenaufforstungen auch für die Westküstenregion geeignet. Die Carey-Insel in Selangor erlebte zuvor einen extremen Verlust der Mangroven aufgrund anthropogener Aktivitäten. Dies ist auf die Lage der Carey-Insel zurückzuführen, die 70 km von Port Klang entfernt ist, was auch der Hauptfaktor für den Rückzug der Mangrove ist. Um zu verhindern, dass der Verlust der Mangroven die Erosion beeinflusst, wurde eine strukturierte Wiederbepflanzung der Mangroven durchgeführt. Laut Bakrin Sofawi, Rozainah, Normaniza, & Roslan (2017) hat sich die strukturierte Mangrovenaufforstung mit künstlichen Dämmen und ökologischen Wellenbrechern als erfolgreich erwiesen.

Sabah und Sarawak
Die Umsetzung des Küstenschutzes in Sabah und Sarawak ist in der Literatur sehr begrenzt. Basierend auf dem NCES 2015 sind Sandstrände an der Küste von Sarawak üblich, während Lehm und Schlick die häufigsten Böden entlang der Küste von Sabah sind. Im Allgemeinen sind Lehm und Schlick mit Mangrovenwäldern verbunden, die den natürlichen Schutz gegen Wellen darstellen. Die Mangrovengebiete nehmen jedoch aufgrund von Wellengang, Naturkatastrophen und menschlichen Aktivitäten, wie z.B. der Entwicklung des Tourismus in den Küstengebieten (Resorts und Chalets), immer mehr ab. Zu den künstlichen Küstenschutzmaßnahmen, die in Sabah durchgeführt wurden, gehört die Verwendung von künstlichen Strukturen, um die Küstenverluste auf der Insel Selingan in Sandakan wiederherzustellen. Laut Chen, Saleh, Yap, & Isnain (2018) ist die Insel Selingan ein berühmter Nistplatz für Schildkröten und Teil des Turtle Island Park (TIP), dessen Strand erodiert ist, was zu einer Verringerung des Nistplatzes führte. Daher wurden Riffbälle als künstliche Strukturen erfunden und implementiert, um den erodierten Strand wiederherzustellen. Die Implementierung der Struktur hat den Sandstrand im südlichen Teil der Insel vergrößert.

Ähnlich wie in Sabah wurde auch in Sarawak die jüngste Küstenstruktur des Staates weniger dokumentiert. Die jüngste Veröffentlichung des Küstenschutzes von Sarawak fand 2018 statt und betraf die Auswirkungen der Erosion in der Küstenregion von Miri aufgrund der starken Sedimentbelastung durch die Flüsse. Laut Anandkumar et., (2018) wurde eine Studie vom Baram-Fluss bis zum Bungai-Strand durchgeführt, die 11 wichtige Touristenorte und kommerzielle Strände auf etwa 74 km umfasste, um die Akkretion und Erosion entlang der Küste zu bestimmen. Die Bewertung ergab, dass das Akkretionsmuster nach dem Bau von Wellenbrechern, Buhnen und Steinverkleidungen entlang des erodierten Bereichs begann. Die erodierte Fläche von 546 Hektar hat sich nach dem Bau der Küstenverteidigungsanlagen auf 746 Hektar erholt.

Anwendungen der verschiedenen Arten von Küstenschutz in Malaysia
Das Management von Küstenproblemen wie der Küstenerosion kann nur durch den Einsatz geeigneter Methoden und Techniken effektiv durchgeführt werden. Dazu gehört der Einsatz von Küstenschutzmaßnahmen, die sowohl harte als auch weiche Schutzmaßnahmen umfassen (Williams et al., 2018). Jeder dieser Küstenschutzmaßnahmen kann für unterschiedliche Anwendungen und Zwecke

eingesetzt werden, je nach Bedarf und vorgefundenen Bedingungen.

Soft-Engineering
Ernährung

Unter Strandaufschüttungen versteht man das Aufbringen von Sand auf den betroffenen oder erodierten Strand, um sowohl die Breite als auch die Höhe des Strandes zu erhöhen. Diese Soft-Engineering-Technik ist weltweit vor allem in Küstengebieten mit massiver Bebauung zu finden, da sie dazu dient, die Auswirkungen unkontrollierbarer Erosion zu reduzieren. Nach Mangor et al. (2017) kann Nourishment in fünf Typen eingeteilt werden: Dünennourishment, Backshore-Nourishment, Strandnourishment, Shoreface-Nourishment und Profilnourishment (Abbildung 2). Jede Art von Nourishment hat einen anderen Zweck, z. B. dient die Dünennourishment dazu, die Düne gegen das Brechen bei akuter Erosion zu stärken, während die Backshore-Nourishment den oberen Teil des Strandes (am Fuß der Dünen) stärkt.

Nourishment ist einer der Ansätze, der sehr flexibel und gut geeignet ist, um sich an den Meeresspiegelanstieg anzupassen, da die Renaturierung leicht angepasst werden kann. Durch diese Methode können sowohl die Investitionen in die Küste als auch der Wert des Strandes für den Tourismus und die Erholung erhalten werden (Masria et al., 2015). Der Hauptvorteil dieses sanften Schutzes liegt in seinem Funktionsprinzip, das sehr flexibel ist und eine kontinuierliche Verschiebung des Sandes als Reaktion auf wechselnde Wellen und Wasserstände ermöglicht. Außerdem kann die Zugabe von Sediment, das den Erosionskräften entgegenwirkt, die Auswirkungen der Küstenerosion verringern und gleichzeitig den angrenzenden Gebieten durch die Verteilung von Sediment durch die Longshore-Drift Vorteile bringen. Dennoch kann diese Technik nicht als beste Lösung angesehen werden, da es sich um periodische Auffüllungen und nicht um eine dauerhafte Lösung handelt. Abgesehen davon kann die Zugabe von Sedimenten letztlich auch negative Auswirkungen auf die Umwelt haben, da Tiere und Organismen, die sich am Strand aufhalten, direkt begraben werden (Masria et al., 2015). In Malaysia wurden an den meisten Stränden, die zu Touristenattraktionen geworden sind, Strandaufschüttungen vorgenommen, zum Beispiel in Teluk Chempedak, Pahang.

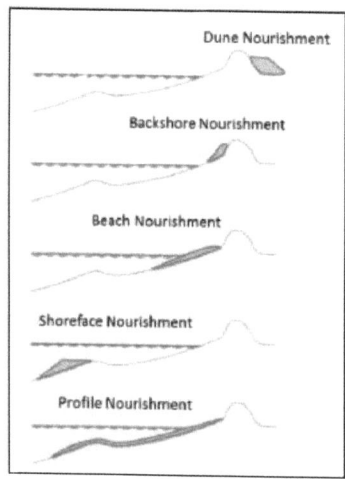

Abb. 2: Unterschiedliche Arten des Ernährungsansatzes

Strand Drain

Die Strandentwässerung ist ein System, das auf der Entwässerung des Strandes basiert. Basierend auf

102

Mangor *et al.* (2017) hilft die Strandentwässerung, das Strandniveau in der Nähe des Installationsrohrs zu erhöhen, was direkt die Breite des Strandes verbessert. Strandabläufe werden immer mit Druckausgleichsmodulen (PEM) unterstützt. Dabei handelt es sich um vertikale Rohre, die in einer Matrix entlang des Strandes angeordnet sind und bei der Akkumulation von Sand helfen, um die Erosion zu verringern. Das PEM-System verbessert und erhöht die Abflussfähigkeit des Strandes, wodurch mehr Wasser an der oberen Schicht des Strandes abfließen kann. Dadurch wird mehr Sand abgelagert, anstatt von den Wellen weggespült zu werden. Dadurch kann der Grundwasserspiegel auf einem niedrigen Niveau gehalten werden (Masria *et al.*, 2017). Die Anwendung des Strandentwässerungssystems ist am besten für Sandstrände geeignet, die den Gezeiten ausgesetzt sind und manchmal mäßig den Wellen ausgesetzt sind. Es ist auch gut für Strände, die nur geringe Erosion haben, um die Kosten zu reduzieren. Es ist jedoch nicht geeignet, das Stranddrainagesystem anzuwenden, wenn der Strand aufgrund von Erosion und Erosion, die durch den Anstieg des Meeresspiegels verursacht wird, stark beschädigt ist. In Kuantan wurde das PEM-System bereits 2004 zur Strandbefestigung eingesetzt, um die Küstenerosion zu bekämpfen. Die Auswertung nach dem Überwachungsprozess zeigte, dass die PEM-Systeme und die Strandbefestigungsmethode in Kuantan nicht nur gegen kleinere Erosionen erfolgreich sind, sondern auch die Breite und das Niveau des Strandes erhöhen.

Sumpf- und Mangroven-Restaurierung

Die Wiederherstellung ist ein Prozess, der darauf abzielt, ein System in den vorbestehenden Zustand zurückzuführen (Schmitt & Duke, 2015). Die Definition von Sumpf- und Mangrovenrestaurierung bezieht sich auf den Schutz der Stabilität der Sumpf- und Mangrovenplattform vor Erosion und Überflutung. Der Mangrovenwald wirkt als natürliche Barriere, um die Wellenenergie des Meereswassers zu absorbieren und abzuleiten. Die Stabilität dieser Plattformen wird bedroht, wenn die Vegetation am Gürtel beschädigt wird (Mangor *et al*, 2017). Der Schutz niedriger Küstenplattformen erfordert ein effektives Management und eine gute Beteiligung der Öffentlichkeit, insbesondere der Küstengemeinde. Die Mangroven helfen als natürliche Barriere, um jede Störung oder Naturkatastrophe zu überwinden, z.B. Tsunami oder Sturmflut, die die Küsteneigenschaften um die Küstengebiete herum beeinflussen können. Die Mangroven können wiederhergestellt werden, indem Aktivitäten im Mangrovengebiet eingeschränkt werden, neue Mangrovenvegetation gepflanzt wird und der natürliche Fluss im Mangrovengebiet wiederhergestellt wird. Die Wiederherstellung von Sumpfplattformen kann durch die Förderung des natürlichen Wachstums des Sumpfes durch den Bau von Verlandungsfallen im flachen Gezeitenbereich erfolgen, um das Wachstum des Sumpfes zu fördern. In Malaysia hat die Regierung im Rahmen des 9. malaysischen Plans einen bestimmten Betrag für die Wiederherstellung von Mangroven bereitgestellt und ein kleines Budget für die Durchführung von Forschung und Entwicklung zur Verfügung gestellt (Rahman & Asmawi, 2016). Damit das Wiederherstellungsprogramm effektiv ist, sind eine gute Planung und eine großartige Standortbewertung unerlässlich, um die Überlebensfähigkeit des Mangrovengürtels im niedrigen Küstenbereich zu gewährleisten. Die erfolgreiche Mangroven-Restaurierung in Malaysia ist auf Carey Island zu sehen, wo die Restaurierung mit einem künstlichen Damm und einem ökologischen Wellenbrecher unterstützt wurde.

Abb. 3: Natürliche Regeneration von *Rhizophora apiculata*

Harte Technik
Wellenbrecher
Ein Wellenbrecher ist ein Bauwerk, das einen künstlichen Hafen mit einem Becken bildet, das vor Welleneinwirkungen geschützt ist. Wellenbrecher können in zwei Haupttypen unterteilt werden: freistehende Wellenbrecher und versenkte Wellenbrecher. Die Unterschiede in der Anwendung dieser Strukturen bestehen darin, dass erstere dazu beitragen, eine gleichmäßige Verteilung des Küstenmaterials entlang der Küstenlinie zu fördern, während letztere dazu dienen, Häfen und Schifffahrtskanäle vor Welleneinwirkung zu schützen. So kann ein ruhiger Bereich für Schiffe und touristische Aktivitäten geschaffen werden. Durch die Absorption von Wellen hilft der Wellenbrecher bei der Reduzierung der Wellenenergie im leeseitigen Teil des Wellenbrechers, wodurch auf natürliche Weise eine Ausbuchtung oder ein Tombolo hinter der Struktur entsteht, die den Longshore-Sedimenttransport beeinflussen können (Shin et al., 2019). Darüber hinaus neigt das derzeitige Design von Wellenbrechern, insbesondere der untergetauchte Typ, dazu

dienen einem weiteren Zweck als künstliches Mehrzweckriff, das indirekt dazu beitragen kann, Fischlebensraum zu entwickeln und gleichzeitig die Küste zu schützen.

Nichtsdestotrotz sind die größten Herausforderungen bei der Nutzung von Wellenbrechern als Küstenschutz relativ schwierig zu bauen und erfordern ein spezielles Design, um ein effektives Ergebnis zu erzielen. Beim Bau von Wellenbrechern gibt es einige Parameter, die berücksichtigt werden sollten, wie z. B. Umweltauswirkungen, geotechnische Untersuchungen, Ausrüstung zur Gewinnung des erforderlichen Sediments und hydrografische Vermessung. Außerdem sind die Strukturen sehr anfällig für starke Welleneinwirkung und erfordern daher zusätzliche Strukturen, um sie zu stützen (Izzat et al., 2018). Das übliche Versagen von Wellenbrechern geht in der Regel von den Strukturelementen und dem Umkippen der Mauer aus. In Terengganu wurde eine Reihe von Wellenbrechern gebaut, um die Erosionswirkung zu verringern, die durch den Bau der Flughafenerweiterung verursacht wurde, die den Sedimenttransport erheblich veränderte und Pantai Tok Jembal stark erodierte.

Abb. 4: Ein einzelner befestigter Wellenbrecher in Terengganu

Groynes

Buhnen hingegen sind Strukturen, die senkrecht zur Küstenlinie gebaut werden und Teile der Litoraldrift blockieren, indem sie Sand in den flussaufwärts gelegenen Bereichen einschließen und halten. Durch den Einsatz von Buhnen können die Erosionseffekte bei der Annäherung an die Küstenlinie verringert werden, indem die Strömungs- und Wellenmuster verändert werden. Buhnen können aus verschiedenen Formen bestehen; entweder aufgetaucht, schräg oder untergetaucht, und sie können in Form von einzelnen oder in Gruppen, bekannt als Buhnenfelder, sein. Was die verwendeten Materialien betrifft, können Buhnen aus Holz, Spundwänden, Beton, Schutthügeln sowie mit Sand gefüllt sein (Masria et al., 2015). Je nach gewünschtem Schutzniveau können unterschiedliche Materialien verwendet werden. Außerdem ist diese Struktur vor allem in Tourismusgebieten sehr beliebt, da sie einen Strand aufschütten kann, was zu einem breiteren Strand führt, der Touristen anziehen kann. Dennoch hat diese Struktur den Nachteil, dass sie häufig gewartet werden muss und nur für Gebiete mit mittlerem Wellengang geeignet ist. Andernfalls dringen starke Wellen in die Klippenwand ein, wodurch die Klippe weiter erodiert (Williams et al., 2018).

Seewände

Seawall ist eine harte Struktur, die entlang der Küstenlinie, am Fuß möglicher Dünen, errichtet wurde. Seawall wurde gebaut, um die Küstenlinie vor Erosionsproblemen und dem Rückzug der Küstenlinie zu schützen, indem die Küstenlinie vor Wellenbewegungen und Sturmfluten geschützt wird. Darüber hinaus bietet der Seawall auch andere Vorteile, wie z. B. Möglichkeiten zur Besichtigung von Sehenswürdigkeiten und Freizeitaktivitäten. Er soll die Küstenlinie schützen, indem er der Kraft von die Sturmfluten. Ein typischer Deich hat in der Regel eine schräge Struktur, die entweder glatt, stufenförmig oder gebogen sein kann. Im Allgemeinen gibt es drei Arten von Deichen, nämlich Schotterdämme, Blockdämme und Stahl- oder Holzkonstruktionen. Manchmal wurde auch ein Deckwerk als Ergänzung zum Deich verwendet, um den Kolkprozess am Deichfuß zu verlangsamen, oder es wurde eine einzelne Struktur an weniger exponierten Stellen verwendet. Wenn der Deichfuß beschädigt wird, führt dies zum Umkippen des Deiches. Dies ist der Hauptgrund, warum die meisten gebauten Seedeiche versagt haben. Daher ist es wichtig, bei der Konstruktion von Seedeichen einen Schutz für den Fuß vorzusehen. Der Bau von Seedeichen kann kostspielig sein, aber bei sehr gut geplanten und konstruierten Strukturen kann es die beste Lösung für den Küstenschutz sein (Strain et al., 2018; Strain et al., 2020).

Abb. 5: Einfache Seedeichkonstruktion in Padang Kota Lama, Penang Esplanade

Deckwerk

Das Deckwerk ist eine passive Struktur, eine uferparallele Struktur, die wie ein Deich gebaut wird, mit dem Unterschied, dass das Deckwerk mit einer größeren horizontalen Neigung gebaut wird, die schlanker ist als die eines Deiches. Ein Seedeich ist eine vertikale Struktur, während ein Deckwerk eine deutliche Neigung aufweist (Paeniu *et al*, 2015). Nach Sadeghi & Al-Othman (2019) ist ein Deckwerk eine parallel zur Küstenlinie verlaufende Struktur, die die Küstenlinie vor Erosionen schützt, indem sie die Wellenenergie absorbiert und reduziert, bevor sie die Ufer erreicht. Das Deckwerk schützt jedoch nicht vor Überschwemmungen und wird als Ergänzung zu anderen Arten von Strukturen, wie z. B. Deichen oder Mauern, betrachtet. Es gibt zwei gängige Gruppen von Deckwerken, nämlich freiliegende und eingegrabene. Bei freiliegenden Deckwerken gibt es viele verschiedene Arten, wie z. B. ineinandergreifende Betonplatten (Flex Slabs), Betonblöcke, mit Steinen gefüllte Netzgittermatratzen und geotextile Sandschläuche.

Sie fügten hinzu, dass es drei wichtige Teile im Deckwerk gibt: i) die Panzerschicht, ein wichtiger Teil, der vor Wellenschlag schützt, ii) die Filterzone, die Sedimente blockiert und Wasser durchlässt und iii) die Fußbeschichtung, die die Struktur vor dem Abrutschen schützt und die notwendige Unterstützung bietet. Eine der Deckwerksanwendungen kann in Sungai Burung, Selangor, gesehen werden, indem die vereinfachte Panzerungseinheit "H" oder SAUH als Betondeckwerk für Böschungs- und Bundschutz verwendet wird (Department of Irrigation and Drainage Malaysia, 2017). Nichtsdestotrotz hat ein Deckwerk einen hohen visuellen Einfluss auf die Landschaft, was schlimmer sein kann, da es einige Strände für Menschen unzugänglich machen kann.

Abb. 6: Flex Slab Deckwerk entlang des Flussufers in Labuan

Abb. 7: SAUH, die in Sungai Burung, Selangor eingesetzt werden

Abb. 8: Beispiele für Versagen von Betonblockdeckwerken in Malaysia: Links: Auskolkung der Fußspitze (Penang). Rechts: Durch Überspülung (Labuan).

Anwendungen verschiedener Arten des Küstenschutzes in Malaysia Geotextiler Schlauch an der Sandküste von Teluk Kalong, Malaysia

Die starke Erosion des Sandstrandes ist zu einem großen Makel in Teluk Kalong geworden, einem der beliebtesten Tourismusorte in Malaysia. Dies ist auf die Auswirkungen der schnellen Wellenbewegungen sowie des Nordost-Monsuns zurückzuführen, bei dem die Wellenhöhe bis zu 1,8 Meter bzw. 4,8 Meter erreichen kann. Aufgrund dieser Faktoren wurde ein Abhilfeprojekt unter dem Public Works Department durchgeführt, um diesem Problem entgegenzuwirken. Dieses Projekt zur Wiederherstellung des Strandes beabsichtigt, den Wert des Strandes zu erhöhen und den Erosionsgrad zu minimalen Kosten zu reduzieren (Lee et al., 2014). Für dieses Projekt wurden Geotextilschlauch-Geosynthetikstrukturen verwendet, die häufig für den Küstenschutz eingesetzt werden. Abgesehen von den geringen Kosten und der schnellen Installation wurde der Geotextilschlauch aufgrund seiner Fähigkeit als Küstenschutz verwendet und erfordert nur eine einfache Ausrüstung.

Entlang der Küstenlinie wird eine Gesamtlänge von 500 m durch die geotextilen Schläuche mit einem Durchmesser von 3,5 abgedeckt und befindet sich 150 m vor der Küste. Durch diesen Küstenschutz wurde berichtet, dass die Verwendung von geotextilen Schläuchen in diesem Projekt effektiv ist, da es eine Zunahme von durchschnittlich 1,8 m bei der Sedimentdicke mit einer geschätzten Ansammlung von 87.317 m3 Sedimenten gibt (Lee et al., 2014). Dies liegt daran, dass diese Strandsanierung dazu beiträgt, den Wasserspiegel leeseitig der geotextilen Schläuche zu senken und dadurch die ankommenden Wellenkräfte, die den Strand erreichen, zu verringern. Dadurch wird die eingehende dynamische Energie, die zur Erosion der Küstenlinie führt, reduziert, was zu einer geringen Erosionsrate führt (Lee et al., 2014). Die Unterschiede im Strandzustand vor und nach der Installation der Geotextilschläuche sind in Abbildung 9 dargestellt.

Abb. 9: Zustand des Strandes (a) vor und (b) nach der Installation der geotextilen Schläuche (2007 - 2008)

Riffkugeln Wellenbrecher auf der Insel Selingan

Die Anwendung künstlicher Strukturen kann auf der Insel Selingan beobachtet werden, einer der Inseln im Turtle Islands Park (TIP), die kontinuierlich von der Erosion des Strandes betroffen ist. Als touristischer Ort, der Touristen die Möglichkeit bietet, Schildkröten zu beobachten, verursacht die Erosion aufgrund der Auswirkungen des Monsuns, extremer Ereignisse und lokaler Küstenprozesse verschiedene Schäden, insbesondere am Lebensraum und der Infrastruktur. Aus diesem Grund hat Sabah Parks begonnen, mit der Reef Ball Foundation zusammenzuarbeiten, um Riffbälle zum Schutz der Küste zu installieren. Insgesamt 290 Sets von Riffbällen wurden im südlichen Teil der Insel installiert, indem sie zu Stabilitätszwecken in drei verschiedenen Reihen angeordnet wurden (Chen et al., 2018). Die Anordnung der auf Selingan Island installierten Riffbälle ist in Abbildung 4 zu sehen. Abgesehen von der Stabilisierung der Küstenlinie durch Wellendämpfung und -brechung als untergetauchter Wellenbrecher fungieren die Riffbälle auch als Heimat für verschiedene Meereslebewesen.

Durch die Anwendung dieser Küstenstruktur hat die Sandablagerung im südlichen Teil der Insel Selingan von 2010 bis 2017 zugenommen. Dies geschieht durch die Welle, die sich bricht, wenn sie in Kontakt mit den Riffkugeln kommt, wodurch die Wellenenergie reduziert wird, wenn sich das Wasser der Küste nähert, was die Erosionswirkung verringert. Außerdem wurde berichtet, dass die Nistaktivitäten der Schildkröten im Vergleich zum Zustand vor der Installation der Riffkugeln aktiv sind, was darauf hinweist, dass die Nutzung der Riffkugeln Riffkugeln auf der Insel Selingan als effektiv eingestuft werden kann (Chen et al., 2018). Trotzdem besteht die größte Herausforderung bei diesem Projekt darin, dass die Leistung der Riffkugeln beim Küstenschutz stark von der ankommenden Wellenenergie abhängig ist. Nur wenn die Wellenenergie niedrig ist, können die Riffbälle die Wellen verlangsamen und ermöglichen, dass sich Sand auf diesen Strukturen oder in der Nähe ablagert (Chen et al., 2018).

Abb. 10: Anordnung der Riffbälle auf der Insel Selingan

Der Stand des Wissens über die Erfolge und Misserfolge des Küstenschutzes in Malaysia
Basierend auf dem, was überprüft wurde, ist es wirklich verständlich, was bei der Implementierung des Küstenschutzes getan wurde, um sich auf die Herausforderungen vorzubereiten, denen die Küstengebiete gegenüberstehen. Es besteht jedoch immer die Gefahr negativer Auswirkungen, wenn der Auswahlprozess und die Entwicklung von den verantwortlichen Stellen ignoriert werden. Danach sind auch die Prozesse vor und nach der Entwicklung von Bedeutung, um den Erfolg der Projekte zur Bewältigung dieser Herausforderungen sicherzustellen. Daher ist zu beachten, dass die Auswahl der Küstenschutzbauwerke, sei es ein harter oder ein weicher Schutz, geeignet sein muss, die Küstenlinie zu schützen. Im Allgemeinen sind ein guter Zustand und eine gute Umgebung der Küstengebiete wesentlich, um die Fähigkeit der Küstenschutzoption zu erreichen, wie sie benötigt wird (Chadwick, A., 2020). Die Ursachen und Auswirkungen der küstennahen Herausforderungen müssen immer berücksichtigt werden, wenn es um die Arbeiten geht, die die Küstenbewegung betreffen. Dies liegt daran, dass die Implementierung von Küstenstrukturen die Küstenmorphologie beeinflussen und zu Erosion oder Akkretion der Küstenlinien führen kann. Zum Beispiel können in einigen Fällen die Sedimentationswege von Offshore-Quellen kommen, während in anderen Fällen diese Prozesse nicht mehr aktiv sind. Daher wurde in diesem Bericht nachdrücklich betont, dass die Eignung der Küstenmorphologie als Grundlage bei der Auswahl der Option und des Designs des Küstenschutzes berücksichtigt werden muss.

Darüber hinaus wäre ein "soft-engineered" Schutz, wie z. B. die Sandauffüllung, als natürlicher Schutz vor Küstenerosion und Überflutung besser umgesetzt. Dieser Ansatz wird aufgrund der ungestörten Landschaft des Strandbereichs im Vergleich zu einem harttechnischen Schutz als umweltfreundlich angesehen. Allerdings muss dieser Ansatz jährlich durch das Hinzufügen von Sand und Kieseln gewartet werden, da das zuvor abgelagerte Strandmaterial von den Wellen weggespült wurde. Nichtsdestotrotz, wenn menschliches Leben und menschliche Werte gefährdet sind und geschützt werden müssen, kann die Verwendung von harten Elementen für eine Verteidigung unerlässlich und unvermeidlich sein. Wichtig ist, dass die harten Strukturen wie Buhnen, Wellenbrecher und Seegabionen vorteilhaft sind, um die Wellenenergie zu absorbieren und die Küstenlinie vor den Herausforderungen der Küste zu schützen. Es ist erwähnenswert, dass verschiedene Optionen von Küstenschutzstrukturen unterschiedliche Lebensdauern und Wartungskostenströme haben. Daher müssen umfassende Überlegungen angestellt werden, bevor diese Küstenschutzbauten gegen die Herausforderungen der Küste eingesetzt werden.

SCHLUSSFOLGERUNG

Die Küstenerosion kann als ein natürlicher Prozess betrachtet werden, der aufgrund der Auswirkungen von Wind, Wellen, Gezeiten und Strömungen ständig stattfindet. Durch die Beeinflussung durch menschliche Aktivitäten wie Urbanisierung und starke Bebauung sowie durch den globalen Klimawandel und den Anstieg des Meeresspiegels werden die Küsten jedoch Erosion wird schwer und unkontrollierbar zu lösen. Daher werden Küsteninfrastrukturen eingesetzt, um dieses Problem zu lösen. In Malaysia haben verschiedene Arten des Küstenschutzes je nach geografischer Lage unterschiedliche Funktionen und Anwendungen. Für die Westküste, die Schlammküste, Felsendeckwerk und Küstenbündel umfasst. In der Zwischenzeit sind Küstenschutzmaßnahmen wie Wellenbrecher, Buhnen und Deckwerke eher an der Sandküste der Ostküste zu finden. Zusätzlich werden Felsdeckwerk, Gabionen und Buhnen hauptsächlich in Sarawak verwendet, während Panzersteine, Felsdeckwerk, Labuan-Block und Dämme in Sabah eingesetzt werden.

Sowohl harte als auch weiche Strukturen sind anfällig für verschiedene Formen der Anwendung sowie Herausforderungen als Küstenschutz. Trotz der Fähigkeit von Deichen, die Küstenlinie effektiv zu schützen, indem sie die Wellenenergie zurück ins Meerwasser leiten, sind sie bekanntermaßen kostspielig, benötigen viel Platz und sind stark von der Größe und Form der Deiche abhängig. Bei Schotts, die Schutz für das Hochland bieten, besteht die Herausforderung darin, dass sie in Gebieten mit hoher Energie nicht eingesetzt werden können. Auf der anderen Seite werden Buhnen eingesetzt, um die Erosionseffekte durch die Veränderung von Strömungs- und Wellenmustern zu reduzieren. Sie müssen jedoch häufig gewartet werden und sollten vorzugsweise nur in Gebieten mit mittlerem Wellengang eingesetzt werden. Wellenbrecher werden in der Regel zur Bildung eines künstlichen Hafens eingesetzt, indem die Wellenenergie im Lee der Wellenbrecher reduziert wird. Allerdings ist der Bauprozess ziemlich komplex und es werden normalerweise zusätzliche Strukturen benötigt, um Wellenbrecher zu stützen. Was den weichen Schutz betrifft, so ist die Strandanreicherung eine der temporären Optionen, um die Erosionseffekte zu reduzieren, ohne die Strandlandschaft zu beschädigen. Der andere weiche Schutz, die Sanddünen, funktionieren durch das Einfangen und Stabilisieren von verwehtem Sand und haben nur geringe negative Auswirkungen, sind aber nur an Küsten mit geringer Entwicklung anwendbar.

110

REFERENZEN

Ab Razak, M.S., Suryadi, F.X., Jamaluddin, N., and Mohd Noor, N.A.Z. (2018). Shoreline Planform Stability of Embayed Beaches Along the Malaysian Peninsular Coast. In: Shim, J.-S.; Chun, I., and Lim, H.S. (eds.), Proceedings from the International Coastal Symposium (ICS) 2018 (Busan, Republic of Korea). Journal of Coastal Research, Special Issue No. 85, S. 631-635. Coconut Creek (Florida), ISSN 0749-0208. Abgerufen von file:///C:/Users/user/AppData/Local/Temp/SI85- 127.1.pdf

Afshin Jahangirzadeh et.al (2012). Effects of Construction of Coastal Structure on Ecosystem. World Academy of Science, Engineering and Technology. University of Malaya (Kuala Lumpur). Abgerufen von http://eprints.um.edu.my/14068/1/v65-136.pdf

Airoldi, L., Abbiati, M., Beck, M. W., Hawkins, S. J., Jonsson, P. R., Martin, D., ... & Åberg, P. (2005). Eine ökologische Perspektive auf den Einsatz und das Design von Low-Crested und anderen harten Küstenschutzstrukturen. Coastal Engineering, 52(10-11), 1073-1087.

Airoldi, L., & Bulleri, F. (2011). Anthropogene Störungen können das Ausmaß der Reaktionen opportunistischer Arten auf marine städtische Infrastrukturen bestimmen. PLoS One, 6(8).

Amri Mohd, F., Nizam Abdul Maulud, K., A. Karim, O., Ara Begum, R., Firoz Khan, M., Shafrina Wan Mohd Jaafar, W., ... Abd Wahab, N. (2018). An Assessment of Coastal Vulnerability of Pahang's Coast Due to Sea Level Rise. *International Journal of Engineering & Technology, 7(3.14)*, 176. https://doi.org/10.14419/ijet.v7i3.14.16880

Anandkumar, A., Vijith, H., Nagarajan, R., & Jonathan, M. P. (2018). Bewertung dekadischer Küstenlinienveränderungen in der Küstenregion von Miri, Sarawak, Malaysia. In *Coastal Management: Global Challenges and Innovations*. https://doi.org/10.1016/B978-0-12-810473-6.00008-X

Ariffin, E. H., Sedrati, M., Akhir, M. F., Norzilah, M. N. M., Yaacob, R., & Husain, M. L. (2019). Kurzzeitbeobachtungen der Morphodynamik von Stränden während des saisonalen Monsuns: zwei Beispiele von der Küste von Kuala Terengganu (Malaysia). *Journal of Coastal Conservation, 23*(6), 985-994. https://doi.org/10.1007/s11852-019-00703-0

Atlantic Network for Coastal Risks Management (n.d.). Übersicht über weiche Küstenschutzlösungen. Abgerufen von https://corimat.net/wpcontent/uploads/2017/03/2_Outil2_56P_ DE.pdf

Awang, N. A., Jusoh, W. H. W., & Hamid, M. R. A. (2014). Coastal Erosion at Tanjong Piai, Johor, Malaysia. *Journal of Coastal Research, 71*, 122-130. https://doi.org/10.2112/si71-015.1

Bakrin Sofawi, A., Rozainah, M. Z., Normaniza, O., & Roslan, H. (2017). Mangroven-Rehabilitation auf Carey Island, Malaysia: eine Bewertung von Wiederbepflanzungstechniken und Sedimenteigenschaften. *Marine Biology Research, 13*(4), 390-401. https://doi.org/10.1080/17451000.2016.1267365

Buck, P. (2018). *The Design of Coastal Revetments, Seawalls, and Bulkheads*. Pile Bulk Magazine. https://www.pilebuck.com/marine/the-design-of-coastal-revetments-seawalls-and-bulkheads/

Chapman, M. G., & Underwood, A. J. (2011). Bewertung des ökologischen Engineerings von "gepanzerten" Küstenlinien zur Verbesserung ihres Wertes als Lebensraum. Journal of experimental marine biology and ecology, 400(1-2), 302-313.

Chen, N.-G., Saleh, E., Yap, T. K., & Isnain, I. (2018). Auswirkung von künstlichen Strukturen auf das Küstenprofil von Selingan Island, Sandakan, Sabah, Malaysia. *Borneo Journal of Marine Science and Aquaculture, 2*(Dezember), 9-15.

Ministerium für Bewässerung und Entwässerung Malaysia (2015). *National Coastal Erosion Study (NCES) 2015. Kawasan-pantai-hakisan-kategori-1*. Retrieved from http://www.data.gov.my/data/ms_MY/dataset/kawasan-pantai-hakisan-kategori-1/resource/ed806db7-d2a2-4173-9989-a015907e8245?inner_span%3DTru

Evans, A. J. (2016). Artificial coastal defense structures as surrogate habitats for natural rocky shores: giving nature a helping hand (Dissertation, Aberystwyth University).

Firth, L. B., Mieszkowska, N., Thompson, R. C., & Hawkins, S. J. (2013). Klimawandel und Anpassungseffekte in Küstensystemen: der Fall der Meeresschutzanlagen. Environmental

111

Science: Processes & Impacts, 15(9), 1665-1670.

Firth, L. B., Thompson, R. C., Bohn, K., Abbiati, M., Airoldi, L., Bouma, T. J., Hawkins, S. J. (2014). Between a rock and a hard place: Environmental and engineering considerations when designing coastaldefensestructures . *CoastalEngineering*, *87*, 122-135. https://doi.org/10.1016/j.coastaleng.2013.10.015

Foti, E., Musumeci, R. E., & Stagnitti, M. (2020). Küstenschutztechniken und Klimawandel: ein Überblick. *Rendiconti Lincei, 31*(1), 123-138. https://doi.org/10.1007/s12210-020-00877-y

Hamakareem, M., I. (2012). Arten von Küstenschutzbauwerken und ihre Details. Abgerufen von https://theconstructor.org/structures/coastal-protection-structures/14020/

Hanak, E., & Moreno, G. (2012). California coastal management with a changing climate. Climatic Change, 111(1), 45-73.

Hawkins, S. J., Burcharth, H. F., Zanuttigh, B., & Lamberti, A. (2010). Environmental design guidelines for low crested coastal structures. Elsevier.

Izzat, I., Im, N., Razak, A., Shahrizal, M., & Safari, M. D . (2018). *A Short Review of Submerged Breakwaters.* https://doi.org/10.1051/matecconf/201820301005

Lee, S. C., Hashim, R., Motamedi, S., & Song, K.-I. (2014). *Utilization of Geotextile Tube for Sandy and Muddy Coastal Management: A Review.* https://doi.org/10.1155/2014/494020

Loke, L. H., Heery, E. C., & Todd, P. A. (2019). Shoreline defenses. In *World Seas: An Environmental Evaluation* (S. 491-504). Academic Press.

Mangor, K., Dronen, N., Kaergaard, K. und Kristensen, S., 2017. *Shoreline Management Guidelines.* [ebook] Horsholm: DHI. Verfügbar unter : <https://www.dhigroup.com/upload/campaigns/ShorelineManagementGuidelines_Feb2017.pdf> [Zugriff am 15. Juni 2020].

Masria, A., Iskander, M., & Negm, A. (2015). Küstenschutzmaßnahmen, Fallstudie (Mittelmeerzone, Ägypten). *Journal of coastal conservation, 19*(3), 281-294.

MatAmin, Abd., Ahmad, M., Mamat, M., Rivaie, M. & Abdullah, Khiruddin. (2012). Sedimentvariation entlang der Ostküste von Peninsular Malaysia. Ecological Questions. 16. 10.2478/v10090-012-0010-6. Abgerufen von https://www.researchgate.net/publication/274654555_Sediment_Variation_along_the_East_Co ast_von_Peninsular_Malaysia

(Malaysia). Journal of Tropical Biology and Conservation, 14: 83-94. ISSN 1823-3902. Abgerufen von https://www.ums.edu.my/ibtpv2/files/06.pdf

Milad Bagheri. et.al (2019). Shoreline change analysis anderosion prediction using historical data of Kuala Terengganu, Malaysia. Environmental Earth Sciences (2019) 78:477, doi.org/10.1007/s12665-019- 8459-x. Abgerufen von https://www.researchgate.net/publication/334747518_Shoreline_change_analysis_and_erosion _pre diction_using_historical_data_of_Kuala_Terengganu_Malaysia

Ministerium für natürliche Ressourcen und Umwelt. (2009). *Coastal Management Activities.* Abgerufen von http://www.water.gov.my/activities-mainmenu-184v, 4. November 2014.

Paeniu, L., Iese, V., Jacot Des Combes, H., & De Ramon, N. (2015). 'Yeurt A, Korovulavula I, Koroi A, Sharma P, Hobgood N, Chung K, Devi A. *Coastal Protection: Best Practices from the Pacific. Pacific Centre for Environment and Sustainable Development. (PaCE-SD). The University of the South Pacific, Suva, Fiji.*

Pranzini, E. (2018). Uferschutz in Italien: From hard to soft engineering and back. *Ocean and Coastal Management, 156*, 43-57. https://doi.org/10.1016/j.ocecoaman.2017.04.018

Rahman, M. A. A., & Asmawi, M. Z. (2016). Das Bewusstsein der Anwohner für das Problem der Mangrovenzerstörung in Kuala Selangor, Malaysia. *Procedia-Social and Behavioral Sciences, 222*, 659-667.

Enthüllung. (2017). DepartmentofIrrigationand Drainage. https://www.water.gov.my/index.php/pages/view/536

Sadeghi, K., & Dania, A. L. (2019). Eine Einführung in die Onshore-Strukturen 'Konstruktion.

Sadeghi, K., Abdeh, A., & Al-Dubai, S. (2017). Ein Überblick über die Konstruktion und Installation von vertikalen Wellenbrechern. *International Journal of Innovative Technology and Exploring Engineering*, 7(3), 1-5.

Schmitt, K., & Duke, N. C. (2015). Mangroven-Management, -Bewertung und -Monitoring. *Tropical Forestry Handbook*, 1-29.

Shin, E. C., Kim, S. H., Hakam, A., & Istijono, B. (2019). Erosionsprobleme der Uferlinie und Gegenmessung durch verschiedene Geomaterialien. *MATEC Web of Conferences*, 265, 01010. https://doi.org/10.1051/matecconf/201926501010

Strain, E. M., Olabarria, C., Mayer-Pinto, M., Cumbo, V., Morris, R. L., Bugnot, A. B., & Bishop, M. J. (2018). Eco-engineering urbaner Infrastruktur für marine und küstennahe Biodiversität: Welche Eingriffe haben den größten ökologischen Nutzen? *Journal of Applied Ecology*, 55(1), 426-441.

Strain, E. M. A., Cumbo, V. R., Morris, R. L., Steinberg, P. D., & Bishop, M. J. (2020). Interagierende Effekte von Habitatstruktur und Ansaat mit Austern auf die intertidale Biodiversität von Seewänden. *PloS one*, 15(7), e0230807.

Syakir, M., Zulfakar, Z., Akhir, M. F., Helmy, E., Awang, N. O. R. A., Azam, M., Muslim, A. M. (2020). Die Auswirkung von Küstenschutzmaßnahmen auf die Entwicklung der Küstenlinie in Kuala Nerus, Terengganu (Malaysia). *Journal of of Sustainability Science and Management*, 15(3), 1-15

Williams, A. T., Rangel-Buitrago, N., Pranzini, E., & Anfuso, G. (2018). The management of coastal erosion. In *Ocean and Coastal Management* (Vol. 156, pp. 4-20). Elsevier Ltd. https://doi.org/10.1016/j.ocecoaman.2017.03.022

Yanalagaran, R., Ramli, N. I., & Ramadhansyah, P. J. (2019, Februar). Overview of Monsoon Induced Coastal Erosion Disaster in Peninsular Malaysia Based on Mass-Media Reports. In IOP Conference Series: Earth and Environmental Science (Vol. 244, No. 1, S. 012035). IOP Publishing.

113

Printed by Books on Demand GmbH, Norderstedt / Germany